Für Karin und Luise

Impressum:

© 2012 Daniel Schmitz

Alle Joomla-Screenshots entstammen Joomla 2.5/3.0 und unterliegen der GNU – General Public License

Verlag: Books on Demand GmbH, Norderstedt
Herstellung: Books on Demand GmbH, Norderstedt

Die Deutsche Nationalbibliothek verzeichnet diese Publikation in der Deutschen Nationalbibliografie; detaillierte bibliografische Angaben sind im Internet über http://dnb.d-nb.de abrufbar.

ISBN: 978-3-8482-1098-5

Vorwort

Joomla ist in aller Munde! Seit einigen Jahren beschäftige ich mich mit dieser Software und bin heute noch genauso begeistert wie am ersten Tag. Joomla ist in seiner Anwendung fantastisch einfach und tatsächlich für jeden zu beherrschen, der ein wenig Erfahrung im Umgang mit Textverarbeitungsprogrammen und dem Internet hat. Und besonders positiv: Man braucht keine Programmierkenntnisse, was sicherlich mit für den überwältigenden Erfolg von Joomla verantwortlich ist.

Programmierkenntnisse helfen natürlich und eröffnen weitere Möglichkeiten, aber auch ohne solche Fähigkeiten können Sie mit Joomla professionelle und erfolgreiche Websites oder Webpräsenzen erstellen. Nur leider ist der Einstieg nicht so ganz einfach, denn gerade Nutzer ohne technische PC-, Server- und Internetkenntnisse tun sich mitunter schwer, obwohl sie doch eine bedeutende Anwendergruppe von Joomla sind.

Dem kann abgeholfen werden mit einem der auf dem Markt erhältlichen Fachbücher, von denen es bereits viele empfehlenswerte gibt und die Joomla bis ins Letzte durchleuchten. Aber gerade für den Anfänger ist das nicht unbedingt das Richtige, denn oft werden (für IT-Kenner) einfache Zusammenhänge für Neulinge wenig verständlich abgearbeitet oder vorausgesetzt. Und auch preislich bewegen sich diese Werke meist zwischen 30 und 40 Euro, was ein Batzen Geld ist, wenn man eigentlich nur eine kleine Einführung möchte, um danach zu entscheiden: Ist Joomla überhaupt etwas für mich?

Diese Lücke möchte ich mit dem Buch „Joomla logisch!" schließen und Ihnen Joomla verständlich und logisch erklären und Ihnen alles zeigen, was Sie für Ihre weitere Arbeit mit Joomla brauchen. Dazu erschien Anfang 2012 die erste Version für Joomla! 2.5 und Sie halten jetzt die Version für Joomla! 3.0 in den Händen.

Besonderen Wert habe ich auf die Erläuterung des Konzeptes von Joomla gelegt. Wie funktioniert Joomla allgemein? Wie entsteht eine Website mit Joomla? Wie entsteht der Quellcode einer Joomla-Website? Denn die Erfahrung zeigt, dass viele Nutzer am Anfang verwirrt sind, weil genau diese konzeptionellen Erläuterungen in vielen umfangreichen Fachbüchern fehlen und der Nutzer damit auf Joomla losgelassen wird, ohne die Basis des Programms zu verstehen.

Weiterhin finden Sie ganz bewusst keine Hinweise auf Anpassung des Joomla-Codes (HTML, PHP oder CSS), denn dieses Buch ist ausdrücklich für Nutzer ohne solche Kenntnisse und Ansprüche geschrieben. Und ich garantiere Ihnen: Sie können auch ohne solche Kenntnisse sehr gute Webseiten erstellen!

Die Struktur des Buches ist in mehr oder weniger linear aufeinander aufbauende Kapitel gegliedert. D.h. am Anfang erfahren Sie etwas über Hintergründe, fahren dann mit der Installation fort und lernen Joomla Schritt für Schritt kennen. Damit alles reibungslos funktioniert, sollten Sie das Buch daher von vorne beginnend lesen und durcharbeiten. Idealerweise setzen Sie sich dazu an den PC und vollziehen alle Schritte und Übungen während des Lesens nach.

Wenn Sie schließlich am Ende des Buches angekommen sind, haben Sie viele relevante Arbeitsschritte durchgeführt, die Sie brauchen werden, wenn Sie eine eigene Joomla-Website aufbauen wollen. Beginnen Sie dann mit einer neuen Installation von Joomla und starten Sie in Ihre erste eigene Webpräsenz mit Joomla!

Ich hoffe, das Buch erfüllt Ihre Erwartungen!

Wenn Sie ganz durch sind, finden Sie übrigens am Schluss ein „Joomla-Website-Rezept" in Form einer Checkliste, die Sie abarbeiten können, wenn Sie schließlich Ihre erste eigene Website produzieren wollen.

Sie werden außerdem an vielen Stellen im Buch Verweise auf meine beiden Webseiten zu Joomla erhalten:

www.Joomla-Lernen.de und

www.Joomla-Buch.com

Warum zwei Webseiten? Auf Joomla-lernen.de finden Sie allgemeine Hinweise zu Joomla und viele Tutorials zu Modulen, Komponenten, Suchmaschinenoptimierung uvm., während Joomla-Buch.com speziell nur für Sie als Leser dieses Buches in Form einer Video-Bibliothek angelegt ist.

Sie finden dort vor allem die Videos, in denen ich Ihnen die Schritte in diesem Buch noch einmal anschaulich vorführe und auch die Übungen demonstriere, um Ihnen damit eine weitere Hilfestellung zu geben.

Wenn Sie an einer Stelle im Buch diese Grafik sehen: [joomla-buch.com], dann finden Sie auf www.joomla-buch.com entsprechend ein oder mehrere Tutorials zu dem jeweiligen Kapitel oder dem Abschnitt.

Viel Spaß!

Dr. Daniel Schmitz-Buchholz   Heidelberg, September 2012

Inhaltsverzeichnis

1. Über Joomla! 7
2. Joomla verstehen – das Konzept 8
3. Wie entsteht eine Website mit Joomla? 16
4. Eine Website mit Joomla aufbauen 19
5. Joomla kennenlernen 35
6. Neue Inhalte ordnen, erstellen und online stellen 37
7. Menüpunkte erstellen 48
8. Module 55
9. Plug-ins 63
10. Die Verwaltung der Benutzerrechte 64
11. Weitere Core-Komponenten 76
12. Erweiterungen verwalten 83
13. Spracheinstellungen und Overrides 86
14. Templates – das Design Ihrer Website 89
15. Allgemeine Einstellungen 94
16. Suchmaschinen-Optimierung 97
17. Anhang 111
18. Abschluss: Joomla-Website-Rezept 117

1. Über Joomla!

Was bedeutet dieses Wort eigentlich und vor allem: Wie zum Teufel spricht man es aus? Die Bedeutung kommt von dem Wort „jumla" aus dem Swahili und bedeutet so viel wie „alle zusammen". Joomla! ist die entsprechend ver-englischte Schreibweise dieses Wortes und wenn Sie es „dschuumla" aussprechen, dann liegen Sie richtig. Allerdings sind mir im deutschen Sprachraum auch schon einige untergekommen, die lieber ganz deutsch „iohmla" sagen. Hauptsache, wir meinen alle das Gleiche.

In der offiziellen Schreibweise steht hinter „Joomla" auch immer noch ein „!", aber dieses möchte ich mir für den weiteren Teil des Buches aus praktischen Gründen sparen.

1.1. Geschichte

Wir haben es alle in der Schule gehasst – oder jedenfalls die meisten. Aber auch bei Joomla ist es sinnvoll, ein paar Fakten über die Entwicklung des Programms bis zum heutigen Tage zu kennen. Aber keine Angst! Joomla gibt es noch nicht einmal 10 Jahre, also müssen Sie nicht viel über sich ergehen lassen.

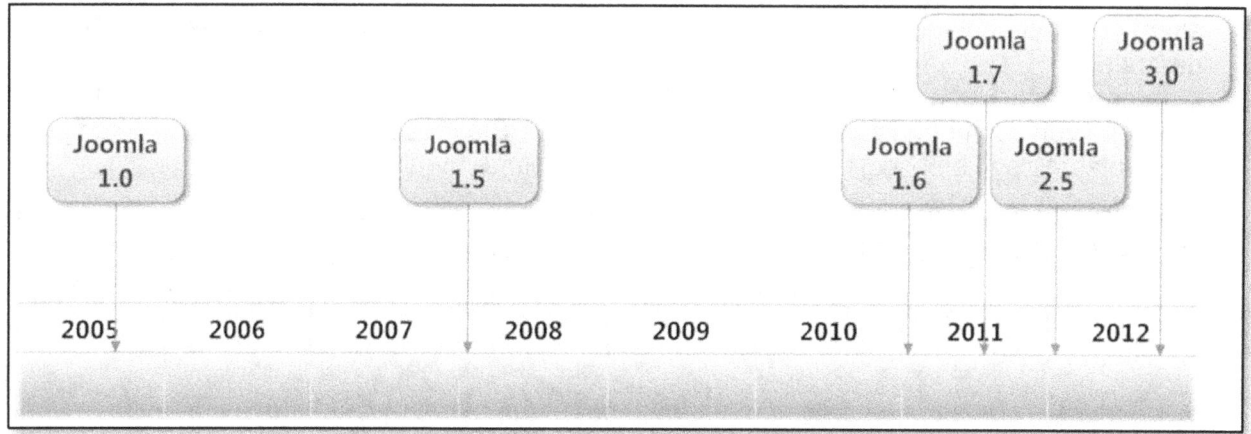

Abbildung 1: Die Geschichte von Joomla

Tatsächlich! Joomla gibt es wirklich erst seit 2005, was rückblickend absolut phänomenal ist, denn Joomla ist mittlerweile auf einem weltweiten Siegeszug unterwegs.

In der Zeit vor 2005 gab es auch schon so etwas wie Joomla, aber das damalige Programm hieß Mambo. Dieses war 2000 von der australischen Firma Miro als kostenloses Open-Source-Programm (d.h. für alle gratis nutzbar) entwickelt worden, um einer breiten Masse von Anwendern die Möglichkeit zu geben, auch ohne große Programmierkenntnisse Inhalte im Internet veröffentlichen zu können. In der Folgezeit gab es einige Updates von Mambo und es entwickelte sich prächtig. Als die ursprünglichen Entwickler sich allerdings von der Open-Source-Idee verabschieden und das Ganze kostenpflichtig machen wollten, gab es einen heftigen Diskurs unter den bis dahin an dem Projekt arbeitenden Menschen. Letztendlich mündete das darin, dass sich im Sommer 2005 eine Entwicklergruppe vom Mambo-Team abspaltete und den Open-Source-Gedanken in der Entwicklung von Joomla weiterleben ließ. Daher ist Joomla auch heute noch ein Open-Source-Projekt und unterliegt der General Public

Licence. Dazu mehr im nächsten Abschnitt. Übrigens erkennen Sie in der obigen Abbildung, dass in den letzten Jahren neue Joomla-Versionen in immer kürzeren Zeitabschnitten erschienen sind. Dadurch ist das Entwicklungstempo deutlich höher geworden, allerdings müssen Sie sich auch immer öfter mit einer neuen Version anfreunden. Letztendlich bleiben jedoch die Kern-Funktion gleich bzw. ändern sich nur langsam, sodass Sie bereits nach einer kurzen Zeit mit jeder kommenden Joomla-Version gut arbeiten können.

1.2. Die General Public License (auch: GNU GPL)

Die GNU GPL gibt es seit 1989 und die Idee dahinter ist einfach, aber gut. Dazu ein Zitat der FSF (Free Software Foundation, Entwickler der GNU GPL):

„Die meisten Lizenzen für Software und andere nutzbare Werke sind daraufhin entworfen worden, Ihnen die Freiheit zu nehmen, die Werke mit Anderen zu teilen und zu verändern. Im Gegensatz dazu soll Ihnen die *GNU General Public License* die Freiheit garantieren, alle Versionen eines Programms zu teilen und zu verändern. Sie soll sicherstellen, dass die Software für alle ihre Benutzer frei bleibt."[1]

Das heißt, jedermann darf diese Software benutzen, vertreiben und daran etwas verändern – allerdings nur, solange er die gleichen Freiheiten für die von ihm verbreitete Software garantiert.

Interessanterweise ist es übrigens nicht verboten, die Software zu verkaufen! D.h. wenn Sie Teile von Joomla nutzen oder verändern, können Sie diese auch verkaufen – solange Sie den Nutzern dann selbst die Rechte der GNU GPL einräumen.

Wenn Sie etwas mehr über die Hintergründe der GNU GPL lesen und wissen wollen, was Microsoft dazu sagt (dass die Herren nicht so schrecklich von solchen Dingen begeistert sind, können Sie sich vielleicht vorstellen), dann schauen Sie auf der in der Fußnote genannten Website vorbei.

2. Joomla verstehen – das Konzept

2.1. Joomla ist eine Website!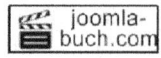

Ich möchte besonderen Wert auf ausführliche Erklärungen des Konzeptes von Joomla legen – denn das zu verstehen, ist extrem wichtig für einen erfolgreichen Einsatz. Als Erstes müssen Sie sich daran gewöhnen, das Joomla kein Programm ist, das Sie – wie von anderen Programmen bekannt – auf Ihrer Festplatte installieren, ein paar Dinge einstellen, anklicken, mehrere Artikel schreiben und am Ende kommt eine Website heraus, die Sie ins Internet stellen. Nein. Joomla IST eine Website! Das bedeutet:

Joomla wird dort installiert, wo die Website laufen soll. Also entweder im Internet oder zu Hause bei Ihnen auf dem PC. Eine Joomla-Installation, die Sie bei sich zu Hause auf dem PC

---

[1] Quelle: die deutsche Übersetzung der aktuelle- GNU-GPL, Version 3 unter http://www.gnu.de.

haben, wird aber auch nur dort eine Website produzieren![2] D.h. wenn Sie mit Joomla eine Website im Internet aufbauen wollen, müssen Sie Joomla entsprechend auch im Internet installieren – oder besser gesagt auf einer frei im Internet für jeden Nutzer zugänglichen Festplatte (später dazu mehr).

Joomla ist also eine Website. Oder sagen wir: Joomla ist das Grundgerüst einer Website, die Sie dann mit Inhalten füllen können. Diese Website hat zwei Bereiche:

> Das Frontend: der Teil, den alle Nutzer sehen können, wenn sie in einem Internetbrowser auf diese Joomla-Website zugreifen.
> Das Backend: der Administrationsbereich. Dieser ist Passwort-geschützt und von dort aus werden ALLE Funktionen der Website gesteuert. Theoretisch ist auch dieser Teil der Website für jeden erreichbar – allerdings muss man über die nötigen Login-Daten verfügen.

Wie eine Joomla-Installation schematisch aufgebaut ist, erkennen Sie in der folgenden Abbildung:

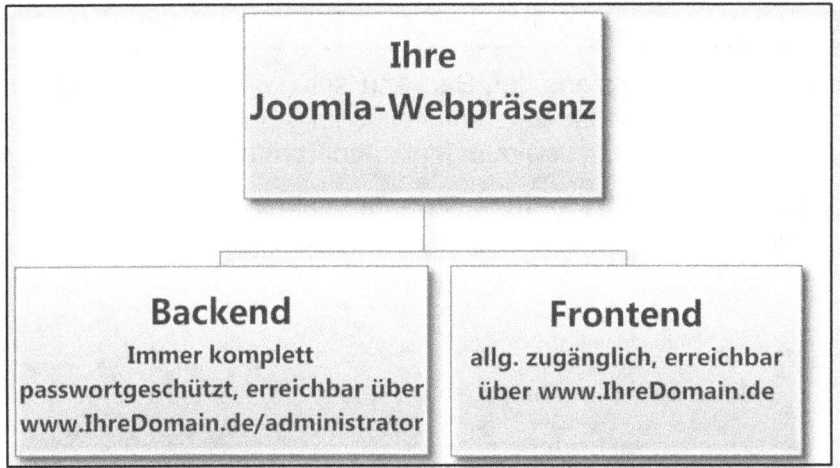

Abbildung 2: Die grundsätzliche Struktur jeder Joomla-Website

Da jede Webpräsenz ein Frontend braucht, das im Internet von Benutzern betrachtet werden kann, und gleichzeitig auch ein Backend zur Steuerung und Erstellung des Frontend nötig ist, ergibt sich: Sie müssen für JEDE Webpräsenz, die Sie mit Joomla erstellen wollen, eine eigene Joomla-Installation anlegen, denn die jeweilige Joomla-Installation IST dann diese Website. Diese wird immer in Frontend und Backend unterteilt sein!

Wenn Sie Joomla üblicherweise installieren, wird es in einem Dateiordner im Internet installiert, der einer URL zugewiesen ist. Daher erreichen Sie dann das Frontend, indem Sie die URL im Browser-Fenster aufrufen.

---

[2] Außer Sie nutzen Ihren Rechner als Web-Server, aber davon gehe ich nicht aus.

> MERKE: Das Frontend Ihrer Joomla-Installation ist also erreichbar unter http://www.IhreDomain.de und ist das, was viele Nutzer meinen, wenn allgemein von einer „Website" gesprochen wird. Das Frontend ist der im Internet frei zugängliche Teil Ihrer Joomla-Installation.

Das Backend wird automatisch in ein Administrator-Verzeichnis installiert und stellt ebenfalls eine Website dar, die dann über die Eingabe einer URL in das Browser-Fenster erreichbar ist.

> MERKE: Das Backend Ihrer Joomla-Installation ist erreichbar unter: http://www.IhreDomain.de/administrator und gehört genauso zur Joomla-Installation wie das Frontend, ist aber nur administrativ tätigen Personen (in der Regel sind das erst einmal nur Sie) zugänglich. Dort verwenden Sie die Werkzeuge von Joomla (Komponenten, Module, Plug-ins und Templates).

Beide Bereiche sind voneinander getrennt. Insbesondere das Backend muss sogar geschützt werden, denn dort kann die Joomla-Webpräsenz gesteuert, aufgebaut, erweitert und leider auch schwer beschädigt werden. Über die zitierten Werkzeuge später mehr.

> MERKE: Das Backend in Joomla darf nur von vertrauenswürdigen Personen betreten werden.

Ihr Arbeitsbereich als Administrator wird meistens das Backend sein, während Sie sich nur zwischendurch kurz das Frontend anschauen, um die im Backend gemachten Veränderungen/Einstellungen hinsichtlich ihrer Auswirkungen zu überprüfen.

Wie Backend und Frontend praktisch genutzt werden, erläutert folgender Arbeitskreislauf (wenn Joomla bereits fertig installiert ist und Sie damit arbeiten können):

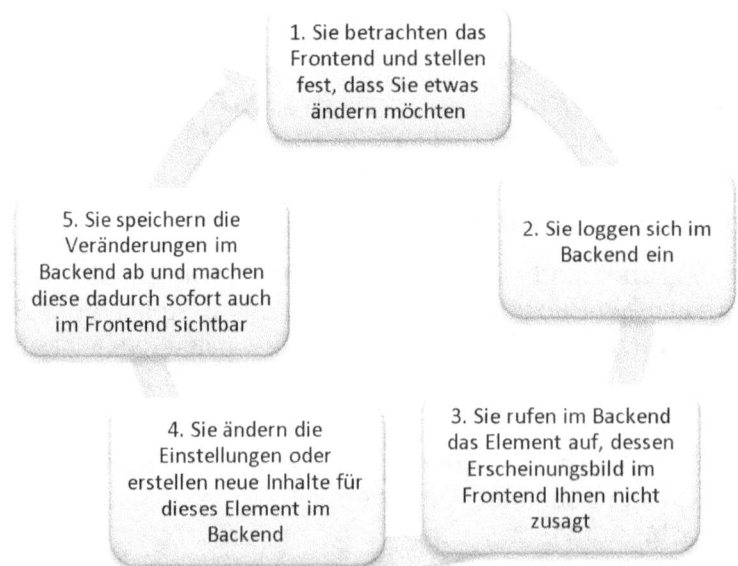

Abbildung 3: Immer wiederkehrender Arbeitszyklus an Ihrer Joomla-Webpräsenz

Weiter geht es mit einem Überblick über die Elemente, die Sie im Backend einsetzen können, um das Frontend nach Ihren Wünschen zu gestalten: Komponenten, Module, Plug-ins und Templates. Näheres dazu im Kapitel 2.2: Das Handwerkszeug von Joomla.

Komponenten
- Die wichtigsten Teile des Backends
- Verwalten Inhalte Ihrer Webpräsenz und bereiten diese für die Darstellung im Frontend auf
- Stellen große Inhalte im Frontend (jeweils den Inhalt des Kernbereichs einer Joomla-Webseite (siehe Ausführungen auf Seite 15)).
- Sind große Programmteile mit tausenden Zeilen Programmcode und bringen oft eigene Module und Plugins mit

Module
- Befinden sich meistens im Randbereich einer Webseite
- Stellen dort kleine Inhalte im Frontend dar; Sie wählen ein Modul und platzieren es, um zu einer bestehenden Seite noch etwas hinzuzufügen
- Bestehen aus deutlich weniger Programmcode als Komponenten
- Gehören oft zu einer Komponente, deren Inhalte sie dann im Frontend darstellen können, können aber auch ganz eigenständig sein.

Plugins
- Vergleichbar mit Reglern und Schaltern, die Funktionen von Komponenten modifizieren können
- Plugins können nicht allein für sich funktionieren, sondern brauchen immer eine Komponente, auf die sie sich beziehen
- Sollten nur selten modifiziert werden, da eventuell wichtige Funktionen des Front- und/oder Backends beeinträchtigt werden können

Templates
- Werden über das Backend aktiviert und bestimmen dann das grafische Erscheinungsbild des Frontends (und ggf. des Backends)
- Stellen keine eigenen Inhalte dar, sondern geben den Inhalten von Komponenten und Modulen das passende Aussehen
- Sind beliebig austauschbar, ohne den Inhalt der Webseite zu verändern

Abbildung 4: Die Werkzeuge, die Joomla Ihnen bietet, um eine Website zusammenzustellen

2.2 Das Handwerkszeug von Joomla

Anmerkung: Weitere theoretische Ausführungen zu Joomla sind evtl. etwas schwierig zu verstehen, wenn Sie noch gar keine Ahnung haben, wie Joomla eigentlich funktioniert. Sie können daher auch bei Seite 17 weiterlesen und später hierher zurückkehren.

Joomla besteht aus vielen, vielen Werkzeugen, die Sie für das Erstellen einer Website nutzen können und müssen (und auf die Sie daher im Backend Zugriff haben). Es werden vier Arten unterschieden: Komponenten, Module, Plug-ins und Templates. Im Backend können Sie alle Werkzeuge anwenden und modifizieren, im Frontend steuert dann jedes von Ihnen aktivierte Werkzeug einen Teil zur Website bei.

Diese Unterteilung sollten Sie sich gut verinnerlichen, um die Funktionsweise von Joomla gut zu verstehen und später selbstständig mit diesen Werkzeugen umgehen zu können.

Die Komponenten

Als Administrator einer Website werden Sie am meisten mit den Komponenten zu tun haben. Das sind größere Programmteile, die verschiedene übergreifende Funktionen einer Website ermöglichen. Das können zum Beispiel sein:

- das Verwalten und Anzeigen von Artikeln
- das Verwalten und Anzeigen eines Kalenders
- das Verwalten und Anzeigen eines Gästebuchs
- das Verwalten und Anzeigen einer Fotogalerie
- das Verwalten und Anzeigen eines Newsletters usw.

Bewusst wiederhole ich die Angabe „Das Verwalten und Anzeigen von ...", denn Sie nutzen die Komponenten ganz ausdrücklich, um Inhalte zu verwalten, diese anzuzeigen und ihn mit verschiedenen Funktionen zu administrieren. Als Joomla-Webdesigner sind Sie die meiste Zeit in den Administrationsoberflächen irgendwelcher Komponenten unterwegs und stellen dort Dinge ein oder um, um das Erscheinungsbild Ihrer Website im Frontend so zu gestalten, wie Sie das möchten.

Ein wichtiger Unterschied zu den Modulen, Plug-ins und Templates ist, dass die Komponenten eigene Inhalte haben. So jongliert eine Kalender-Komponente mit Terminen herum (die Sie eingegeben haben). Oder ein Gästebuch beinhaltet die Einträge von Besuchern, während eine Fotogalerie die von Ihnen hochgeladenen Bilder umfasst. Diese Inhalte verwalten Sie im Backend-Bereich der Komponente und können Sie über die Komponente aber auch im Frontend einem Besucher Ihrer Website zeigen.

Komponenten sind die Säulen, auf denen Ihre Website steht, und stellen auch Ihr wesentliches Arbeitsfeld im Backend einer Website dar. Unterschieden werden Komponenten, die bereits in einer frischen Joomla-Installation enthalten sind („Core-Komponenten"), und solche, die Sie später zu Ihrer Installation hinzufügen können, um weitere Funktionen zu ermöglichen („3rd-Party-Komponenten"[3]).

---

[3] 3rd-Party bedeutet dabei so etwas wie „die Anderen", um zu verdeutlichen, dass diese Komponenten nicht zum Joomla-Paket dazu gehören, sondern von anderen Entwicklern stammen.

Die in der Joomla-Standardinstallation enthaltenen Komponenten sind:
- Inhalt: verwaltet Ihre Artikel/Texte in verschiedenen Kategorien
- Joomla-Aktualisierung: Verwaltet Joomla-Updates
- Banner: verwaltet Banner und kann diese auf der Website zeigen
- Kontakt: verwaltet Kontaktangaben zu einzelnen registrierten Nutzern
- Suche: bietet eine Suchfunktion auf Ihrer Website an
- Such-Index: Verbesserte Suchfunktion für Ihre Joomla-Website
- Umleitung: Sie können fehlerhafte Links auf andere Seiten umleiten
- Weblinks: verwaltet eine Link-Sammlung in versch. Kategorien und zeigt diese auf Ihrer Website an
- Nachrichten: Ein Emailsystem zum Austausch zwischen registrierten Nutzern Ihrer Website
- Newsfeeds: Verwaltet Newfeeds anderer Websites, die Sie auf Ihrer Joomla-Website anzeigen können

Halten Sie eine Minute inne und überlegen Sie sich, was diese einzelnen Komponenten wohl so alles können.

... Inhalte darstellen und verwalten, Banner verwalten und anzeigen, Kontakte verwalten, Nachrichten verschicken, Medien verwalten und einbinden, eine Suchfunktion implementieren, Weblinks verwalten und darstellen, Webadressen umleiten, Joomla halbautomatisch aktualisieren... Das reicht schon für eine ziemlich gute Website aus!

Module

Module werden Sie mögen! Module sind vielseitig in ihren Funktionen und meistens sehr spezialisiert. D.h. ein einzelnes Modul ist auch nur dafür geschrieben worden, eine ganz bestimmte Funktion auszuführen, bzw. eine bestimmte Information im Frontend anzuzeigen. Aber da es eine nahezu unbegrenzte Anzahl an Modulen gibt, finden Sie fast immer ein Modul, das genau das „kann", was Sie gerade suchen. Beispiele für Module (die aus praktischen Gründen im Frontend fast immer einen kleinen, rechteckigen Platz einnehmen) sind:
- Anzeigen einer Wettervorhersage auf Ihrer Website
- Anzeige eines Login-Feldes
- Anzeige einer Werbeanzeige
- Anzeige aktueller Termine
- Anzeige einer Artikelliste

Sie merken schon: Wenn Sie diese Aufzählung mit der Aufzählung der Komponenten-Funktionen vergleichen, sind die Modul-Funktionen viel spezialisierter und weniger flexibel – dafür aber auch viel einfacher einzusetzen und zu beherrschen. Denn Module sind lediglich überschaubare Programmteile mit deutlich weniger Programmiercode und Einstellungsmöglichkeiten als die Komponenten.

Ein weiterer wichtiger Unterschied zu den Komponenten ist, dass die Module keine eigenen Inhalte haben! Module sind darauf spezialisiert, sich ihre Inhalte irgendwo her zu „besorgen" und diese dann auf der Website darzustellen. Dies sind dann Inhalte, die Sie als Webmaster z.B. innerhalb einer Komponente erstellt haben.

Für die oben genannte Liste bedeutet das:
- Anzeigen einer Wettervorhersage auf Ihrer Website: Das Modul zieht sich Daten z.B. von Google über das Wetter und zeigt diese auf Ihrer Website für eine bestimmte Stadt an
- Anzeige eines Login-Feldes: Das Modul bietet keine eigenen Inhalte, sondern zeigt ein Login-Feld an
- Anzeige eines Banners: Das Modul zeigt ein Banner, den es aus der Komponente „Banner" bezieht
- Anzeige aktueller Termine: Das Modul zieht Termine aus der Datenbank einer Kalenderkomponente und stellt diese dar
- Anzeige einer Artikelliste: Das Modul zeigt die Titel von ausgewählten Artikel aus der Core-Komponenten „Inhalt" an

Sie erkennen, dass Module entweder:
- Inhalte aus einer Komponente beziehen und diese anzeigen können oder
- Inhalte z.B. irgendwo aus dem Internet beziehen und diese anzeigen oder
- Inhalte an eine Komponente weiterleiten können, wo diese dann weiter verwaltet und bearbeitet werden (bezogen auf das Modul, das ein Login-Feld darstellt)

So. Wenn Sie sich ein wenig verwirren möchten, lesen Sie die unten stehende Fußnote; wenn Sie auch so schon verwirrt genug sind, dann lesen Sie einfach weiter mit dem Abschnitt über die Plug-ins.[4]

Plug-ins

Plug-ins haben keine eigenen Inhalte. Aber dennoch sind die Plug-ins von größter Wichtigkeit für Ihre Joomla-Website, denn es handelt sich dabei gewissermaßen um Schalter und Stellschrauben, mit denen Sie andere Funktionen von Modulen oder Komponenten beeinflussen können.

Da Plug-ins keine eigenen, selbstständigen Funktionen ausüben können, sondern nur bestehende Komponenten oder Module modifizieren, sind sie immer dementsprechend zugeordnet. Die Plug-ins einer frischen Joomla-Installation sind zum Beispiel einem der folgenden Bereiche zugeordnet, indem sie kleine Funktionen realisieren: Authentication, Captcha, Content, Extension, Editors, Editors-xtd, Finder, Quickicon, Search, System, User, XML-RPI.

Nur zwei Beispiele:

---

[4] Es gibt eine Ausnahme von der Regel, dass Module keine eigenen Inhalte anbieten. Denn es gibt ein Modul, mit dem Sie HTML-Text auf Ihrer Website einfügen können. Diesen HTML-Text geben Sie selbst im Backend in dieses Modul ein und geben dem Modul damit einen eigenen Inhalt. Dieses Modul gehört sogar mit zu den beliebtesten Modulen überhaupt. Aber dazu später mehr.

1. Mit dem Plug-in „Bewertung" aus dem Bereich „Content" können Sie eine Funktion ein- oder ausschalten, mit der es Besuchern möglich ist, Artikel (=Content) auf Ihrer Website mit 1 bis 5 Sterne zu bewerten.

Oder:

2. Mit dem Plug-in „Editorbutton Bild" aus dem Bereich „Editors-xtd" können Sie den Erstellern von Texten in Joomla die Möglichkeit geben, ein Bild in einen Text einzufügen, indem ein entsprechender Button angezeigt wird.

Also: Die Plug-ins modifizieren die Funktionen bereits bestehender Bereiche. Nahezu jede Komponente hat ihre eigenen Plug-ins und wenn Sie eine etwas länger bestehende Joomla-Installation näher ansehen, dann sammeln sich dort im Lauf der Zeit 100-200 Plug-ins an, mit denen die installierten Komponenten modifiziert werden.

Templates

„Template" kommt aus dem Englischen und bedeutet „Vorlage" oder „Schablone". Und genau diese Funktion erfüllen die Templates auch in Joomla: Sie sind die grafischen Vorlagen für Ihre Website.

Templates sind gewissermaßen die Kleider für Ihre Website[5]. Mit dem, was drin steckt, haben sie absolut nichts zu tun. Aber da Kleider bekanntlich Leute machen, sind die Templates extrem wichtig für den Erfolg Ihrer Website. Sie legen für Ihre Website jeweils ein Template fest und bestimmen damit das grafische Erscheinungsbild. Sie bestimmen so über Anordnungsmöglichkeiten und Farben der einzelnen Elemente, z.B. die Farbe und Größe der Schrift.

Während Joomla mit den Programmiersprachen HTML und PHP arbeitet, kommen bei den Templates noch eine oder mehrere CSS-Dateien hinzu. CSS bedeutet „Cascading Style Sheet". Dort steht drin, wie ein Webbrowser die Inhalte aussehen lassen soll, die eine Website mit diesem Template darstellt.

---

[5] Mit dem wesentlichen Unterschied, dass Sie Templates nicht regelmäßig waschen müssen oder Ihr Partner/ Ihre Partnerin sich darüber beschwert, dass Sie mal wieder Ihre benutzten Templates im Schlafzimmer auf dem Boden herumliegen lassen.

In der folgenden Abbildung erkennen Sie die Struktur von Joomla aus Abbildung 2, ergänzt um die von Ihnen nutzbaren Werkzeuge, auf die Sie im Backend Zugriff haben und mit den Sie das Erscheinungsbild des Frontends beeinflussen:

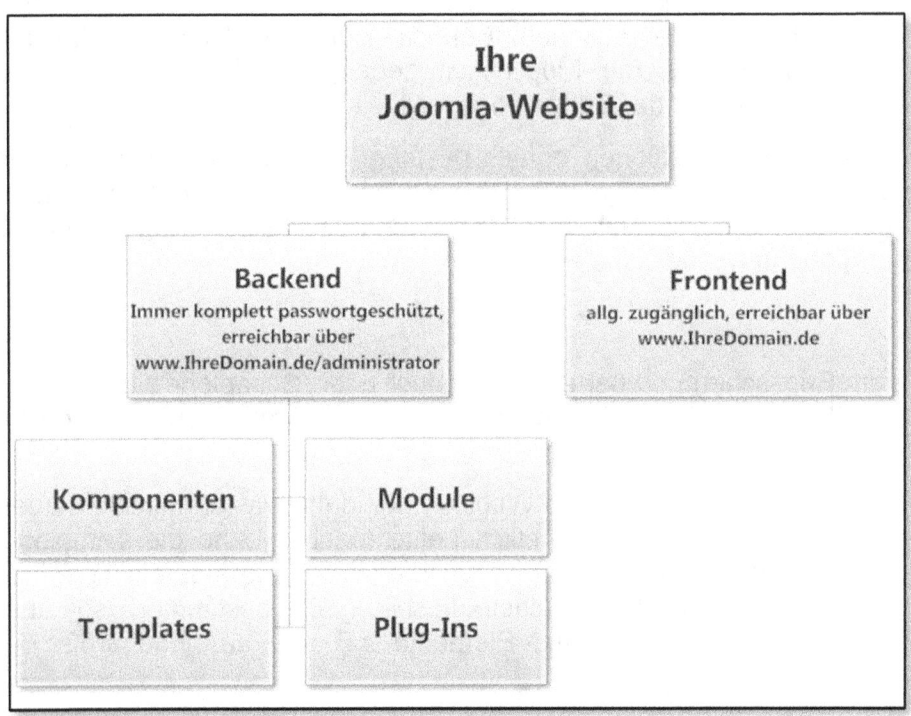

Abbildung 5: Erweitertes Schema der Joomla-Webpräsenz mit Komponenten, Modulen, Plug-ins und Templates. Alle Elemente sind im Backend zu steuern, Änderungen zeigen sich im Frontend

3. Wie entsteht eine Website mit Joomla?

Viele Anwender von Joomla tun sich am Anfang sehr schwer, das Konzept und die Arbeitsweise von Joomla zu verstehen. Und dann ist natürlich auch das Arbeiten mit Joomla nicht einfach.

Grundsätzlich ist eine Website nichts anderes als ein langer Text von Programmiercode, der ursprünglich von oben nach unten heruntergeschrieben wurde. Obere Teile der Website standen weiter oben im Programmiercode, untere Teile weiter unten, und alles wurde von Programmierern so in der passenden Reihenfolge geschrieben. Alles ganz logisch. Auch heute noch bestehen Websites aus dem gleichen Programmiercode. Nur wird der im Fall von Joomla nicht mehr von menschlichen Programmierern „heruntergeschrieben". Das Schreiben des Programmiercodes übernimmt Joomla für Sie, nur müssen Sie Joomla ziemlich klare Angaben machen, wie die Struktur der Website und damit die Struktur des Codes sein soll.

Wenn Sie zum Beispiel eine Website mit Joomla erstellen und Joomla mitteilen, dass oben ein Artikel erscheinen soll und weiter unten ein Menü, dann wird Joomla den

Programmiercode entsprechend zusammensetzen und an den Browser übermitteln, damit dieser die Website entsprechend anzeigt. Sie können natürlich jederzeit auch entscheiden, dass das Menü oben und der Artikel darunter erscheinen soll. Dann wird Joomla den Programmiercode entsprechend ändern. Das ist das Tolle an Joomla: Sie müssen den Programmiercode nicht selbst lesen oder schreiben, haben aber dennoch nahezu die volle Kontrolle darüber, wie Joomla diesen erstellen soll. Bildlich sieht das also so aus:

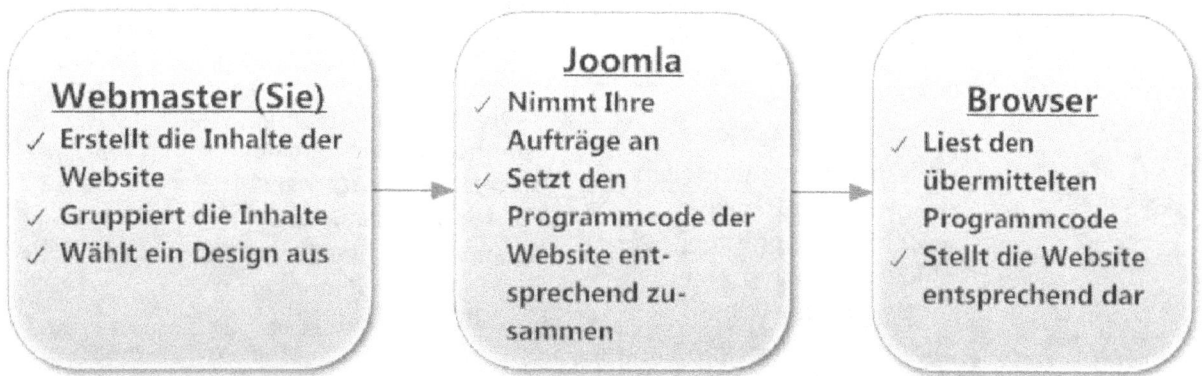

Abbildung 6: Die Produktionskette einer Website in Joomla

Nachdem Sie nun wissen, wie ganz grundsätzlich der Programmcode einer Website mit Joomla entsteht, sollten Sie die Struktur einer Joomla-Seite verstehen. Sehen Sie sich einmal folgende Joomla-Seite an:

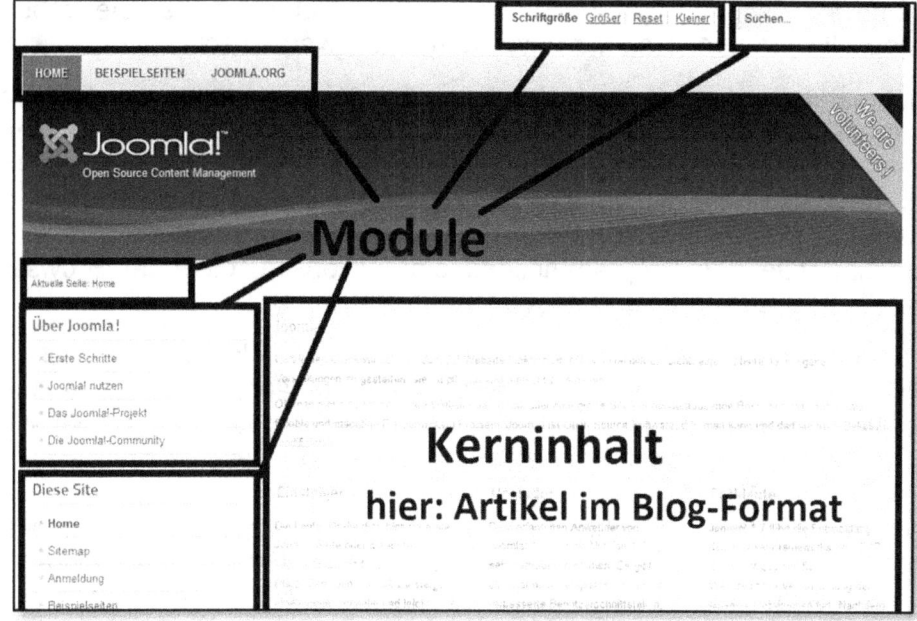

Abbildung 7: Eine Joomla-Seite mit Kerninhalt und Modulen darum herum

Sie sehen ein zentrales Element (=Kerninhalt, hier mehrere Artikel) und mehrere Funktionsmodule als Neben-Elemente (=Module) um den Kerninhalt herum angeordnet. Und genau nach diesem Prinzip gestalten Sie auch in Joomla die einzelnen Seiten Ihrer Webpräsenz.

> **MERKE:** Zentral in einer Joomla-Seite wird immer ein Element aus einer Komponente angeboten und darum herum können Sie weitere Inhalte oder Funktionen durch die Positionierung von Modulen realisieren. Daraus ergibt sich der immer gleiche Prozess, wenn Sie eine neue Seite in Ihrer Joomla-Webpräsenz anlegen wollen:
>
> Welchen zentralen Charakter/welche zentrale Information soll die neue Seite in meiner Joomla-Webpräsenz haben? Entsprechend wählen Sie den Kerninhalt für die neue Seite aus → Welche Informationen/Funktionen möchten Sie darüber hinaus noch auf dieser Seite anbieten? Entsprechend platzieren Sie Module rund um den Kernbereich der Seite

Nachdem Sie nun festgelegt haben, welche Inhalte zu der Website gehören, müssen Sie noch das Aussehen (=Form, Farbe, Design) bestimmen. Das wird in Joomla bekanntlich durch die Templates erledigt. Denn Komponenten und Module liefern keine Angaben über Schriftgröße, Grafik, Farbe etc., sondern nur bloße Informationen über Inhalte. Sie geben nicht an, *wie* etwas dargestellt werden soll, sondern *was* dargestellt werden soll.

Ohnehin wäre es sehr umständlich, wenn jedes Modul und jede Komponente auch noch Informationen über das grafische Aussehen enthalten würde, denn dann müssten Sie in allen Modulen und Komponenten dieselben Einstellungen wählen, damit Ihre fertige Website homogen ist und alles zueinander passt. Stattdessen regelt das Template das gesamte grafische Erscheinungsbild für alle Teile der Website. Dieses legen Sie im Backend fest und Joomla bezieht daraus die Teile des Programmcodes einer Website, die dem Browser mitteilen, wie die Inhalte einer Website grafisch gestaltet werden sollen.

Nachdem nun der Programmcode eigentlich (fast) fertig ist, muss Joomla aus technischen Gründen noch einen Code-Teil hinzufügen, der „Meta-Daten" genannt wird und einige wichtige Daten über die Website enthält. Dabei geht es um Angaben wie: Wer hat die Website erstellt? Wann wurde sie zuletzt bearbeitet? Wie lautet die kurze Beschreibung dieser Website? Wie lautet der Titel der Website? und so weiter. Diese Angaben sind im Quellcode enthalten, werden jedoch (mit wenigen Ausnahmen) nicht im Frontend angezeigt. Sie dienen vielmehr den Suchmaschinen dazu, die Website besser beurteilen zu können. Joomla macht das automatisch und auch ohne spezifische Angaben von Ihnen. Allein im Rahmen der Suchmaschinen-Optimierung sollten Sie auf diese Meta-Angaben Einfluss nehmen. Wenn Sie das alles verstanden haben, dann wissen Sie nun:

MERKE: In Joomla schreibt man keine Websites von oben nach unten mit einer Programmiersprache herunter. Joomla ist ein Steckbaukasten, bei dem jede Website aus verschiedenen Elementen (einer Kern-Komponente, mehreren Modulen und dem Template) zusammengesetzt wird. Ihre Aufgabe als Webdesigner ist es daher, Joomla zu vermitteln, wie der Quellcode einer Website zusammengesetzt werden soll.

Sie müssen niemals selbst Programmcode schreiben, sondern nur Joomla beauftragen, dies zu tun.

Das alles in einer übersichtlichen Form finden Sie in folgender Abbildung:

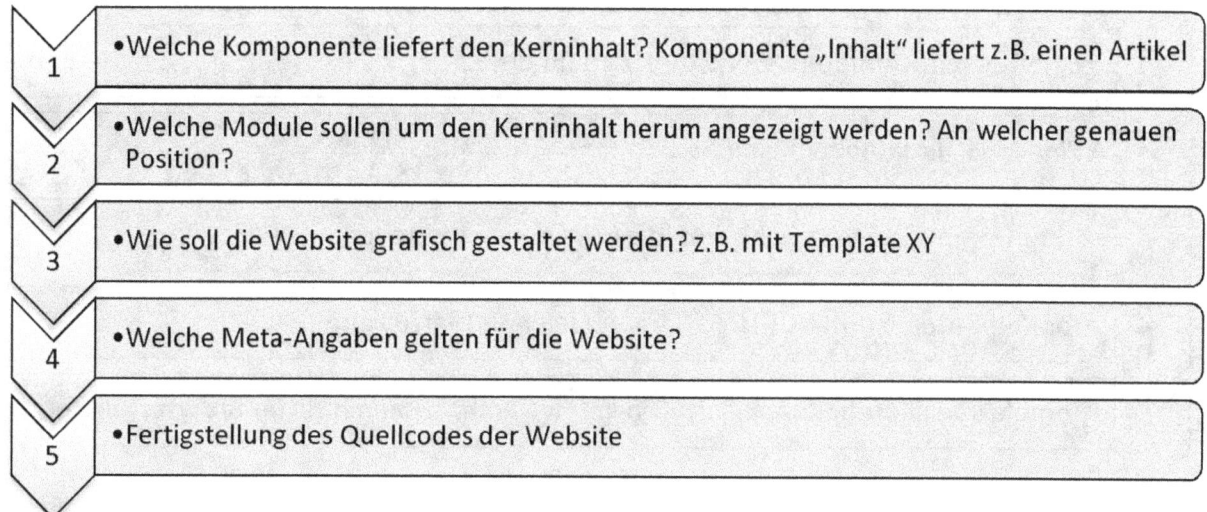

Abbildung 8: Joomla erstellt den Programmcode einer Website, Step-by-Step

4. Eine Website mit Joomla aufbauen

Nachdem Sie nun eine Menge Theorie über Joomla gelesen haben, soll es nun endlich mit der Praxis losgehen! In dieser Übung lernen Sie die ersten Schritte mit Joomla, nämlich wie man eine Website aufbaut, indem man Joomla installiert. Es gibt grundsätzlich zwei Möglichkeiten:

- Installation von Joomla im Internet als lauffähige Website
- Installation von Joomla auf Ihrem PC nur für Testzwecke

Welchen Weg Sie für sich wählen, hängt meistens davon ab, ob Sie Zugriff auf Speicherplatz im Internet haben (=Webspace). Wenn dem so ist, dann sollten Sie unbedingt die Installation im Netz durchführen, denn das ist die Variante, die Sie später anwenden müssen, wenn Sie eine „richtige", eigene Website produzieren wollen. Die Installation bei Ihnen zu Hause am PC dient nur der Übung und dazu, dass Sie dort eine Joomla-Webpräsenz zum Herumspielen und Ausprobieren haben. In den Kapiteln 4.1 und 4.2. zeige ich Ihnen jeweils, wie Sie die Joomla-Dateien im Internet und auf Ihrem eigenen PC an die richtige Stelle bekommen und alle anderen Anforderungen erfüllen, um Joomla zu installieren. In Kapitel 4.3 geht es dann für beide Varianten los mit der eigentlichen Installation, die für beide Varianten gleich abläuft.

4.1. Joomla im Internet installieren

Um Joomla im Internet zu installieren, müssen Sie Folgendes tun:

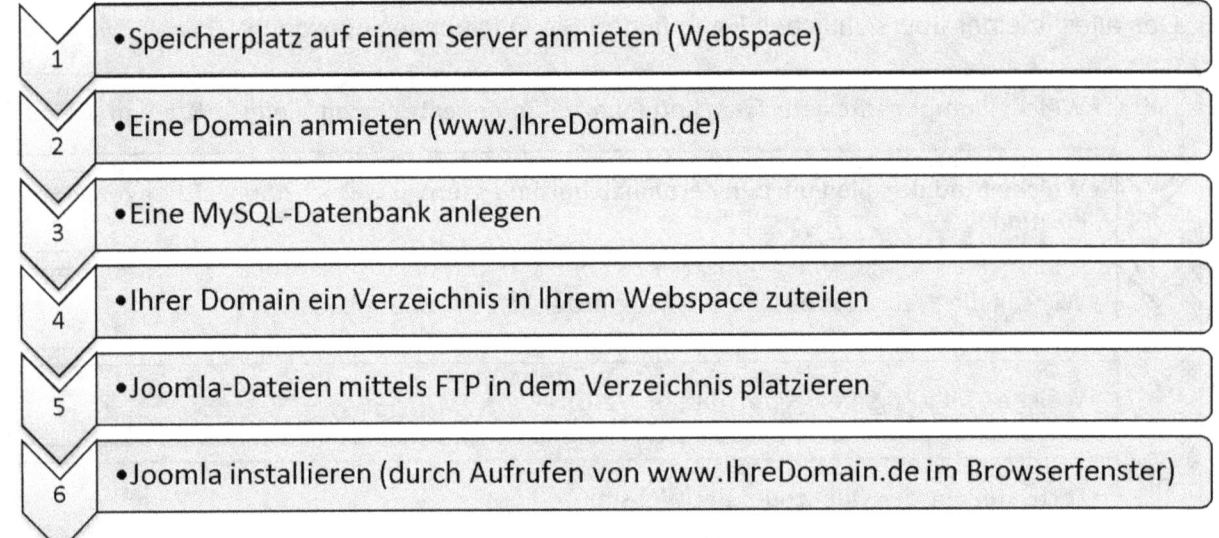

Abbildung 9: Schema der Joomla-Installation im Internet (auf einem Server)

Eine Website soll meistens für alle Nutzer im Internet erreichbar sein. Sie sollen eine bestimmte Adresse (z.B. www.IhreDomain.de) in ihren Webbrowser eingeben und der soll dann diese Website anzeigen. Das bedeutet, Sie brauchen zwei Dinge:

Eine Webadresse www.IhreDomain.de, unter der Ihre Website zu finden ist (wie die Adresse Ihrer Wohnung). Und an dieser Adresse müssen Sie nun auch eine Website aufbauen – so wie Sie an Ihrer Wohnungsadresse auch eine Wohnung haben. Ansonsten würde jemand Ihre Adresse besuchen und vor einem leeren Bauplatz stehen. Und dazu brauchen Sie Speicherplatz im Internet (auch „Webspace" genannt – also sozusagen einen Bauplatz im Internet). Denn Sie können diese Website nicht einfach irgendwo auf Ihrem PC aufbauen – denn darauf können Internetnutzer nicht zugreifen. Und Sie wollen ja auch nicht, dass jeder einfach von außen auf Ihrem Rechner herumsurfen kann. Also brauchen Sie Speicherplatz im Internet. Den (und praktischerweise auch eine Webadresse für Ihre Homepage) bekommen Sie meistens schon für wenig Geld bei entsprechenden Firmen.

Wenn Sie noch keinen eigenen Webspace haben, dann finden Sie eine Fülle von entsprechenden Firmen im Internet. Dazu geben Sie bei Google einfach das Wort „Webspace" ein. Dabei sollten Sie aber sichergehen, dass der Anbieter Joomla unterstützt. Bei den meisten zu buchenden Webspace-Paketen wird inzwischen angegeben, ob Content-

Management-Systeme wie Joomla unterstützt werden. Wenn nicht, schreiben Sie eine kurze E-Mail an den Support des Anbieters, meistens lässt eine Antwort nicht lange auf sich warten – besonders dann, wenn Sie sich als möglicher Neukunde präsentieren!

Schauen Sie diesbezüglich auch einmal bei mir auf http://www.joomla-lernen.de vorbei, vielleicht habe ich noch eine aktuelle Empfehlung dazu für Sie. Wenn Sie Webspace auf einem Server gemietet haben, dann bekommen Sie von dort:
- die Zugangsdaten dazu (FTP-Login-Daten)
- einen Ordner, in dem Sie Dateien platzieren können
- eine Domain, die Sie selbst aussuchen können
- eine MySQL-Datei

Egal bei welcher Firma Sie sich den Webspace gemietet haben, Sie müssen dann noch eine Webadresse (= eine Domain, z.B. www.IhreDomain.de, dazumieten. Die kriegen Sie für ca. 6-15 Euro im Jahr. Manchmal ist eine Webadresse Ihrer Wahl auch gleich mit in Ihrem Webspace-Paket dabei. Aber bedenken Sie: Wenn Sie einmal eine Webadresse gemietet haben, können Sie sich nicht mehr umtauschen! Denn das sind individuell für Sie angefertigte Leistungen, die in aller Regel vom Umtausch oder der Rückgabe ausgeschlossen sind!

Der Anbieter Ihres Webspace verbindet dann die Web-Adresse mit einem Verzeichnis in Ihrem Webspace: Wenn also jemand die Adresse Ihrer Website in seinen Browser eingibt, werden die Inhalte angezeigt, die Sie in dem betreffenden Verzeichnis in Ihrem Webspace abgelegt haben. Und da wird dann Joomla platziert sein und dem Benutzer eine Website anzeigen.

Auf der Seite www.joomla-lernen.de finden Sie genauere Beschreibungen, wie Sie bei verschiedenen Anbietern von Webspace eine Verbindung von Ihrer Webadresse mit dem Webspace bzw. einem Verzeichnis in dem Webspace herstellen können.

Da Sie möchten, dass dann Ihre Joomla-Website angezeigt wird, müssen Sie also Joomla in das Verzeichnis in Ihrem Webspace hochladen/installieren. Dazu brauchen Sie einen Zugang zu Ihrem Webspace, und da hilft Ihnen der Anbieter Ihres Webspaces, denn er gibt Ihnen die sog. FTP-Zugangsdaten[6].

Um auf Ihren Webspace zuzugreifen (Dateien dort zu platzieren, zu bearbeiten oder zu löschen), brauchen Sie noch ein FTP-Programm auf Ihrem Rechner. Vereinfacht gesagt ist der Webspace eine Festplatte im Internet, auf der Sie Daten speichern können. Es gibt zum Beispiel das Programm „FileZilla", das Sie finden, wenn Sie es mit Google suchen. Sie installieren es auf Ihrem PC und können von dort aus den Webspace im Internet verwalten, Dateien dort platzieren, löschen oder ändern. Ich empfehle Ihnen aber eine andere, meiner Ansicht nach bequemere Variante:

Führen Sie mit Google eine Suche nach „online ftp" aus und klicken dann auf das erste Suchergebnis (oder suchen Sie nach „www2ftp.de"). Diese Website funktioniert wie ein FTP-Programm und Sie können über das Internet auf Ihren Webspace zugreifen. Ich finde das praktischer, als das FTP-Programm auf Ihren Rechner zu installieren, denn damit können Sie von überall her Ihren Webspace verwalten.

Auf der Website „www.onlineftp.ch" finden Sie dann ein Feld „Login":

---

[6] FTP bedeutet in diesem Zusammenhang File Transfer Programm. FTP dient also dazu, Dateien auf Ihren Webspace zu übertragen.

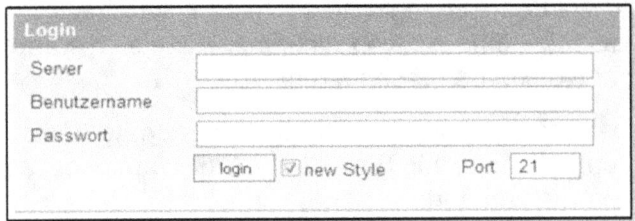

Abbildung 10: Das Loginfeld im WebFTP

Tragen Sie dort die FTP-Zugangsdaten ein, die Sie vom Anbieter Ihres Webspace erhalten haben und schon haben Sie Zugriff auf den von Ihnen gemieteten Webspace und alle Verzeichnisse in Ihrem Webspace werden Ihnen angezeigt, so wie Sie es vom Windows-Explorer kennen. Suchen Sie nun das Verzeichnis, das Ihrer Webadresse zugeordnet ist. Wenn Ihre Website www.IhreDomain.de heißt, dann ist es bei den meisten Anbietern von Webspace so, dass in Ihrem Webspace auch ein Verzeichnis angelegt ist, das in etwa so heißt wie Ihre Webadresse, also zum Beispiel /IhreDomain (z.B. beim Anbieter United Domains). Manchmal müssen Sie das Verzeichnis aber auch selbst anlegen und Ihrer Webadresse zuordnen (z.B. beim Anbieter Alfahosting).

Wenn Sie nicht wissen, welches Verzeichnis Ihrer Webadresse (die Sie vorher natürlich festlegen müssen!) zugeordnet ist, dann schreiben Sie Ihren Webspace-Anbieter an. Immer finden Sie in Ihrem Account bei Ihrem Webspace-Anbieter aber auch eine Liste mit allen Webadressen (auch Domains genannt), die Sie gemietet haben, und dort steht in der Regel, welches Verzeichnis in Ihrem Webspace der jeweiligen Webadresse zugeordnet ist.

Gehen Sie in dieses Verzeichnis, es sollte jetzt noch leer sein. Als Beispiel zeige ich hier die Website www.joomla-buch.eu mit dem dazugehörigen Ordner joomla-buch.eu:

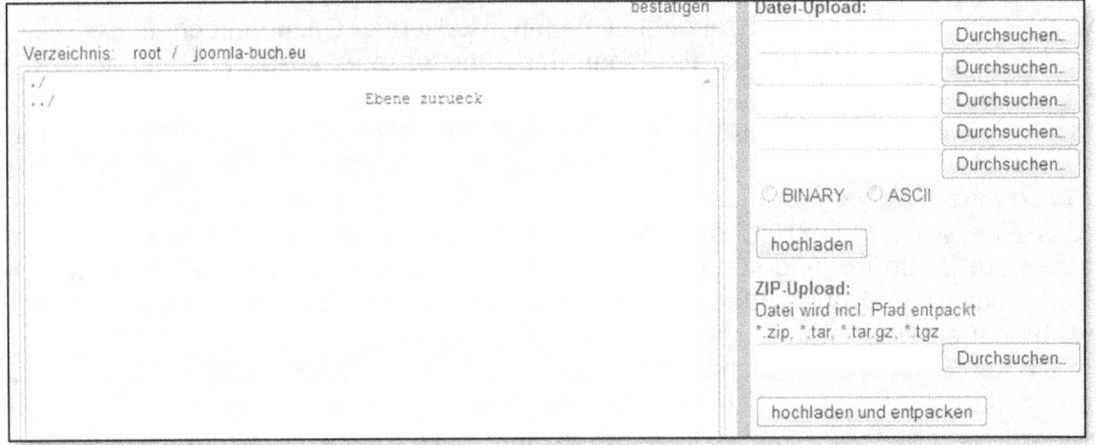

Abbildung 11: Oberfläche des WebFTP mit der Verzeichnis „/joomla-buch.eu"

Über dem weißen Feld steht der aktuelle Pfad: root/joomla-buch.eu, d.h. ich befinde mich nun in dem Verzeichnis, das der Internet-Adresse www.joomla-buch.eu zugeordnet ist (es heißt hier zufällig so wie meine Webadresse, könnte aber beliebig anders heißen). Wenn jemand mit einem Internetbrowser also diese Internetadresse (http://www.joomla-buch.eu) aufruft, werden ihm die Daten angezeigt, die in diesem Verzeichnis gespeichert sind. Rechts erkennen Sie die Möglichkeiten, die nun offen stehen für den Datei-Upload. Denn noch ist das Verzeichnis leer und muss gefüllt werden – zum Beispiel mit einer Joomla-Installation. Unter dem normalen „Datei-Upload" erkennen Sie „ZIP-Upload". Klicken Sie nun auf „Datei auswählen" beim ZIP-Upload und wählen die Joomla-Paket-Datei aus, die Sie zuvor schon heruntergeladen haben. Wenn nicht, dann geht der Joomla-Download so:

Die neueste Joomla-Version finden Sie auf dieser Website[7]: http://www.joomla.de/

Dort laden Sie das Paket „Joomla 3.0 – Komplettpaket in Deutsch" herunter. Es handelt sich dabei um eine ZIP-Datei, also um ein Dateipaket, das zusammengepackt wurde. Laden Sie es herunter auf Ihren Rechner.

Wählen Sie nun diese Datei zum ZIP-Upload aus und klicken anschließend auf „Hochladen und entpacken". Alles weitere geht jetzt von allein!

Und keine Sorge: Die Dateien werden jetzt hochgeladen und an den richtigen Stellen entpackt. Sollte der WebFTP nach einer Weile eine Fehlermeldung anzeigen, dann lassen Sie sich dadurch nicht verwirren – es geht alles im Hintergrund seinen geordneten Gang und wenn Sie etwa 10 weitere Minuten warten, sollte Folgendes in dem Ordner enthalten sein:

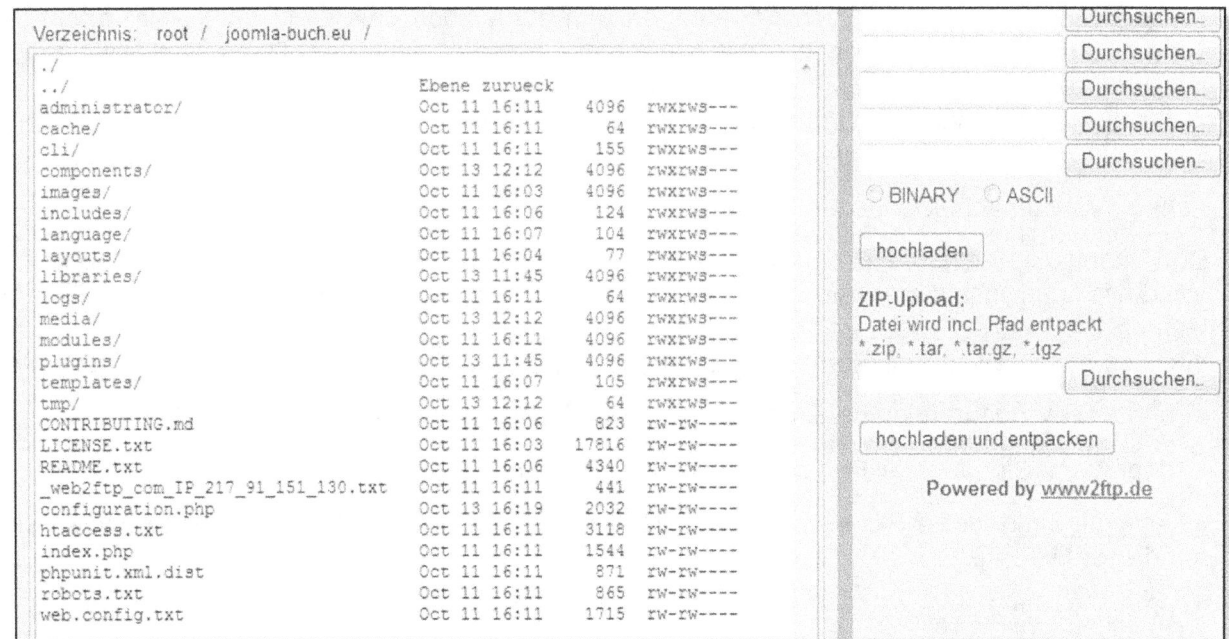

Abbildung 12: Die Joomla-Installation (die Datei .htaccess heißt bei Ihnen noch „htaccess.txt", dazu später mehr)

Jetzt haben Sie die Joomla-Dateien dort platziert, wo sie hingehören. Sollte das auch nach einer längeren Wartezeit nicht klappen, probieren Sie es bitte erneut. Es geht dann für Sie weiter mit der eigentlichen Installation des Programms; weiter bei Punkt 4.3.: Joomla installieren.

---

[7] Alternativ können Sie auch googeln: „Joomla deutsch download" oder so etwas ähnliches.

4.2. Joomla zum Testen auf Ihrem PC installieren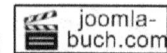

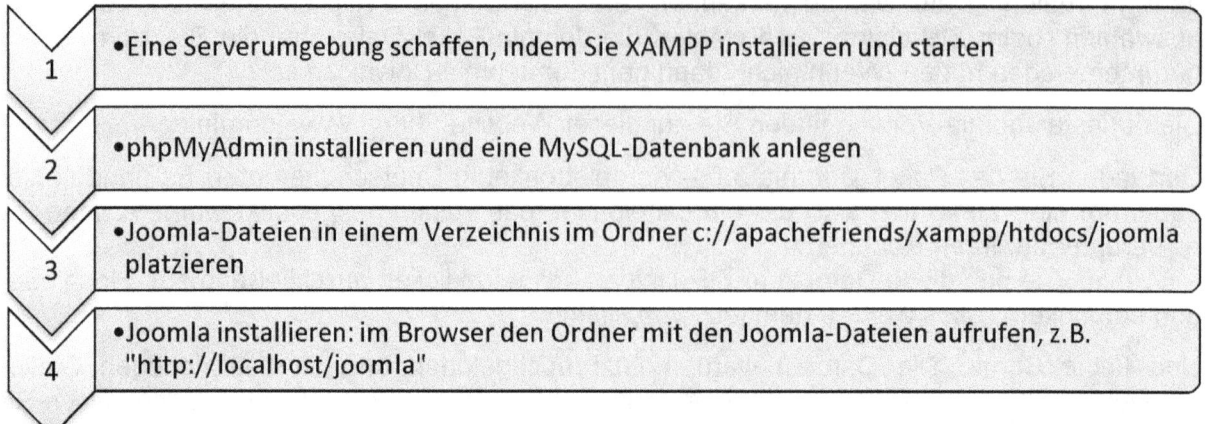

Abbildung 13: Schema der lokalen Installation von Joomla

Wenn Sie keinen eigenen Webspace haben und auch noch kein Geld ausgeben möchten, können Sie eine Joomla-Website auch auf Ihrem Computer aufbauen. Dann ist sie allerdings nur auf Ihrem PC einsehbar und nicht über das Internet erreichbar.

Als Erstes müssen Sie dafür einen lokalen Webserver installieren, sozusagen also ein lokales Internet. Das benötigte Programm XAMPP finden Sie auf der folgenden Website:

http://www.apachefriends.org/de/xampp.html

Dort laden Sie sich die Programmvariante herunter, die Sie brauchen, z.B. „XAMPP für Windows" und installieren sie auf Ihrem Rechner. Wie das genau geht, würde in diesem kleinen Buch zuviel Platz verschwenden, aber Sie finden eine Video-Anleitung auf meiner Website http://www.joomla-lernen.de; im Internet gibt es auch sehr gute Anleitungen unter:

http://www.joomla-fulda.de/einstieg/185-joomla-testumgebung-mit-xampp.html

oder wenn Sie „Joomla Testumgebung" googeln oder hier: http://www.apachefriends.org.

Anschließend laden Sie sich die neueste Version von Joomla herunter. Diese finden Sie auf dieser Website:

http://www.joomla.de/

Dort laden Sie das Paket „Joomla 3.0 – Komplettpaket in Deutsch" herunter. Es handelt sich dabei um eine ZIP-Datei, also um ein Dateipaket, dass zusammengepackt wurde. Laden Sie es herunter auf Ihren Rechner und klicken die Datei an. Da sie gepackt ist, müssen Sie sie „auspacken"[8], und damit die Dateien dann auch an den richtigen Platz kommen, müssen Sie ein Zielverzeichnis angeben. Das Zielverzeichnis für das Entpacken ist:

---

[8] Wenn Sie kein Programm zum Auspacken einer solchen ZIP-Datei haben, können Sie sich das Programm FilZip im Internet problemlos besorgen. Sie finden es, wenn Sie es über Google suchen. Es ist ganz einfach zu bedienen und zu installieren.

c:\apachefriends\xampp\htdocs\joomla

Sie müssen das Verzeichnis nicht anlegen, dies geschieht automatisch beim Entpacken der Dateien, Sie müssen nur den Zielordner vorher festlegen (siehe Abbildung 14). Wenn Sie Joomla in diesen Ordner entpackt haben, sind Sie auch schon fertig. Der Inhalt des Ordners sollte jetzt den Dateien gleichen, die in Abbildung 12 gezeigt sind. Wenn nicht, dann wiederholen Sie den Vorgang.

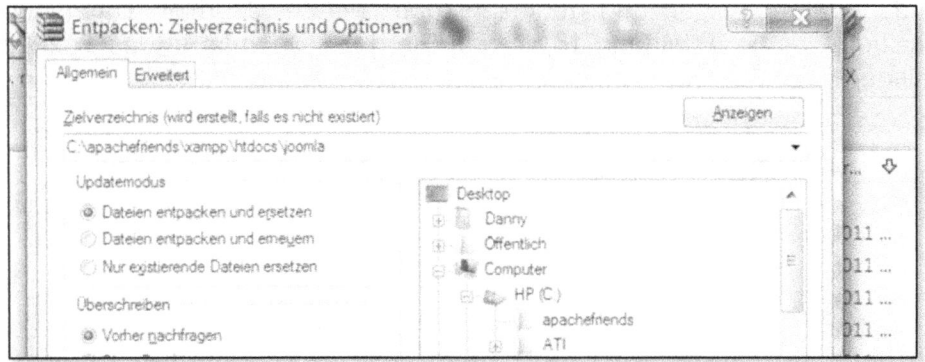

Abbildung 14: Joomla in den richtigen Ordner entpacken

Jetzt starten Sie XAMPP und schauen sich das Control-Panel an:

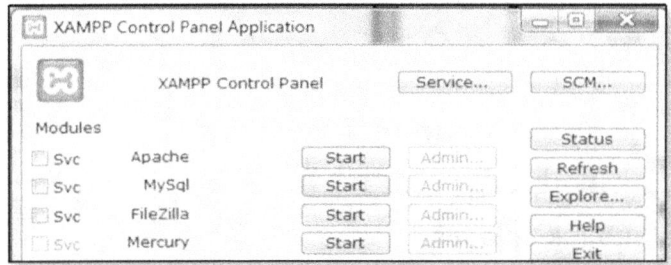

Abbildung 15: Das Control Panel von XAMPP

Klicken Sie nun auf „Start" für die Programmteile „Apache" und „MySQL". Achtung: Apache verhakt sich manchmal mit Skype! Mehr Infos im Internet dazu. Ggf. müssen Sie Skype updaten oder sogar entfernen, um XAMPP zum Laufen zu bekommen.

Eine MySQL-Datenbank anlegen (für die Installation zu Hause)

Sie müssen nun noch eine Datenbank für Joomla auf Ihrem PC anlegen. Dies ist möglich im Rahmen des XAMPP, das Sie bereits installiert haben. Die Datenbank ist das Gedächtnis von Joomla, dort legt das Programm alles ab, was es sich merken muss.

Dazu brauchen Sie das Programm phpMyAdmin, das Sie auf der Website: www.phpmyadmin.net bekommen.

Installieren Sie dieses Programm, indem Sie die neueste Programmdatei herunterladen und in diesen Ordner auspacken:
  c:\apachefriends\xampp\htdocs\phpmyadmin

Öffnen Sie nun einen Webbrowser und gehen zur Webadresse http://localhost/phpmyadmin

> Info: phpMyAdmin ist ein Programm, um MySQL-Datenbanken zu verwalten und zu bearbeiten. Das macht jedoch Joomla später alles ganz von allein für Sie. Sie müssen dann kein phpMyAdmin mehr benutzen. Sie brauchen dieses Programm nur für die Einrichtung der Testumgebung auf Ihrem PC.

Dort legen Sie eine neue Datenbank an und geben ihr den Namen „Joomla". Unter dem Schriftzug „MySQL localhost" (siehe Abbildung 16) tragen Sie dazu „Joomla" in das Textfeld ein und klicken auf „anlegen":

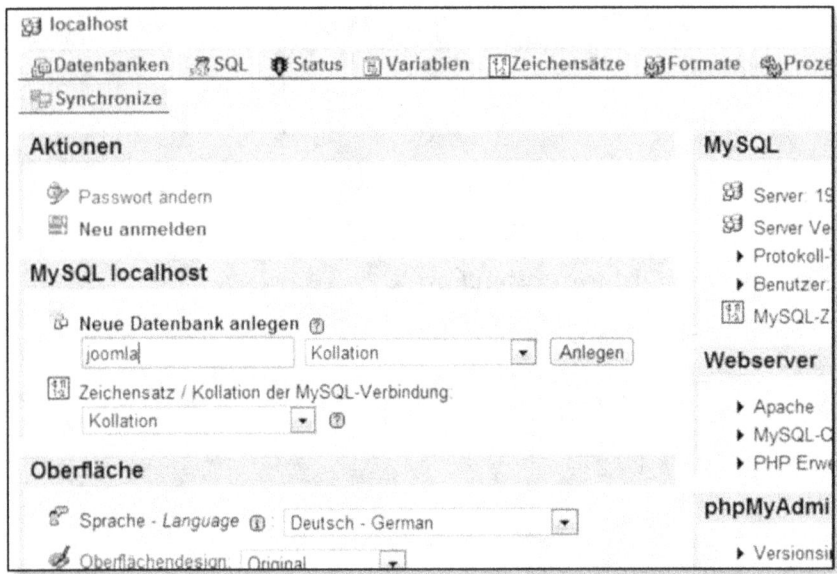

Abbildung 16: Mit phpMyAdmin eine Datenbank anlegen

Ihre Joomla-Website auf Ihrem Computer können Sie nun aufrufen und bearbeiten. Ihre Website erreichen Sie jetzt unter: http://localhost/joomla.

4.3 Endlich Joomla installieren

Sie haben nun das Programmpaket von Joomla hochgeladen und entpackt (entweder in einem Verzeichnis in Ihrem Webspace oder auf Ihrer Festplatte), damit haben Sie allerdings lediglich die Dateien von Joomla an der richtigen Stelle platziert – die aktive Installation müssen Sie noch ausführen.

Die Installation ist eigentlich ganz einfach, denn Joomla führt Sie Schritt für Schritt durch diese Installation. Sie müssen dort einige Angaben bezüglich der MySQL-Datenbank machen (die Joomla braucht, um Daten über Ihre Website zu speichern), die Sie entweder selbst festlegen können oder von dem Anbieter Ihres Webspace bereits festgelegt wurden.

Rufen Sie nun Ihre Website auf, indem Sie die URL der Website (z.B. www.IhreDomain.de) in einen Internetbrowser eintragen (oder für die Heiminstallation http://localhost/joomla eingeben). Joomla startet automatisch selbst mit der Installations-Routine und leitet Sie durch verschiedene Abfragen und Bestätigungen. Werfen Sie noch einen kurzen Blick in die Browserzeile: Joomla hat Sie selbstständig in den Ordner /Installation weitergeleitet, wo sich alle Daten für die Installation befinden.

Nun geht es los mit der Installation: Je nachdem, wie die Einstellungen Ihres Servers sind, werden Sie nun direkt zur Joomla-Installation geleitet (Abbildung 18), oder Sie sehen den Screenshot in Abbildung 17. Das bedeutet dann leider, dass die Servereinstellungen bei Ihnen nicht korrekt sind.

Abbildung 17: Wählen Sie die Sprache aus, Joomla prüft die Serverumgebung

Joomla ist während der Installationsprüfung aufgefallen, dass eine oder mehrere Prüfungen fehlgeschlagen sind. Joomla prüft nämlich zunächst die Kompatibilität und die Ausstattung des Servers und informiert Sie darüber, ob der Server richtig konfiguriert ist (siehe Abbildung 17). Links finden Sie die Server-Einstellungen, die für die korrekte Installation und das weitere Arbeiten mit Joomla i.W. notwendig sind.

Wenn Sie bei einem Anbieter sind, der ausdrücklich Joomla unterstützt, dann werden Sie im Wesentlichen alles in auf der linken Seite mit „Ja" vorfinden. Hier wird geprüft, ob auch alle erforderlichen Elemente/Programme/Sprachen für den Betrieb von Joomla auf dem Server vorhanden sind.

Sollte es allerdings im Block „Installationsprüfung" auch Zeilen geben, in denen „Nein" steht, dann müssen Sie den Anbieter Ihres Webspace kontaktieren, denn der muss ggf. weitere Einstellungen anpassen oder eine aktuellere Version von PHP (eine Programmiersprache wie HTML) für Sie freigeben o. Ä.. Ansonsten können Sie die Installation nicht fortsetzen. Wie Sie im Screenshot (Abbildung 17) erkennen können, steht tatsächlich in der Zeile „Magic quotes GPC" ein „Nein", das muss ich also korrigieren, bevor es weitergehen kann.

Im rechten Bereich finden Sie empfohlene PHP-Einstellungen, die jedoch nicht unbedingt notwendig sind, um Ihre Joomla-Installation durchzuführen – es sind lediglich Empfehlungen, um eine möglichst optimierte Funktion von Joomla zu erreichen. Wie Sie sehen, habe ich aktuell auch auf meinem Bildschirm nicht alle empfohlenen Einstellungen so wie empfohlen. Weitere Infos zu den einzelnen Punkten der Installationsprüfung und den Empfehlungen finden Sie auf www.joomla-lernen.de, denn aus Platzgründen möchte ich hier nicht jede einzelne Funktion erläutern. Wenn Sie durch eine Anpassung der Einstellungen alle Erfordernisse erfüllt haben, klicken Sie auf „Prüfung wiederholen" und gelangen dann zum ersten „echten" Schritt der Joomla-Installation:

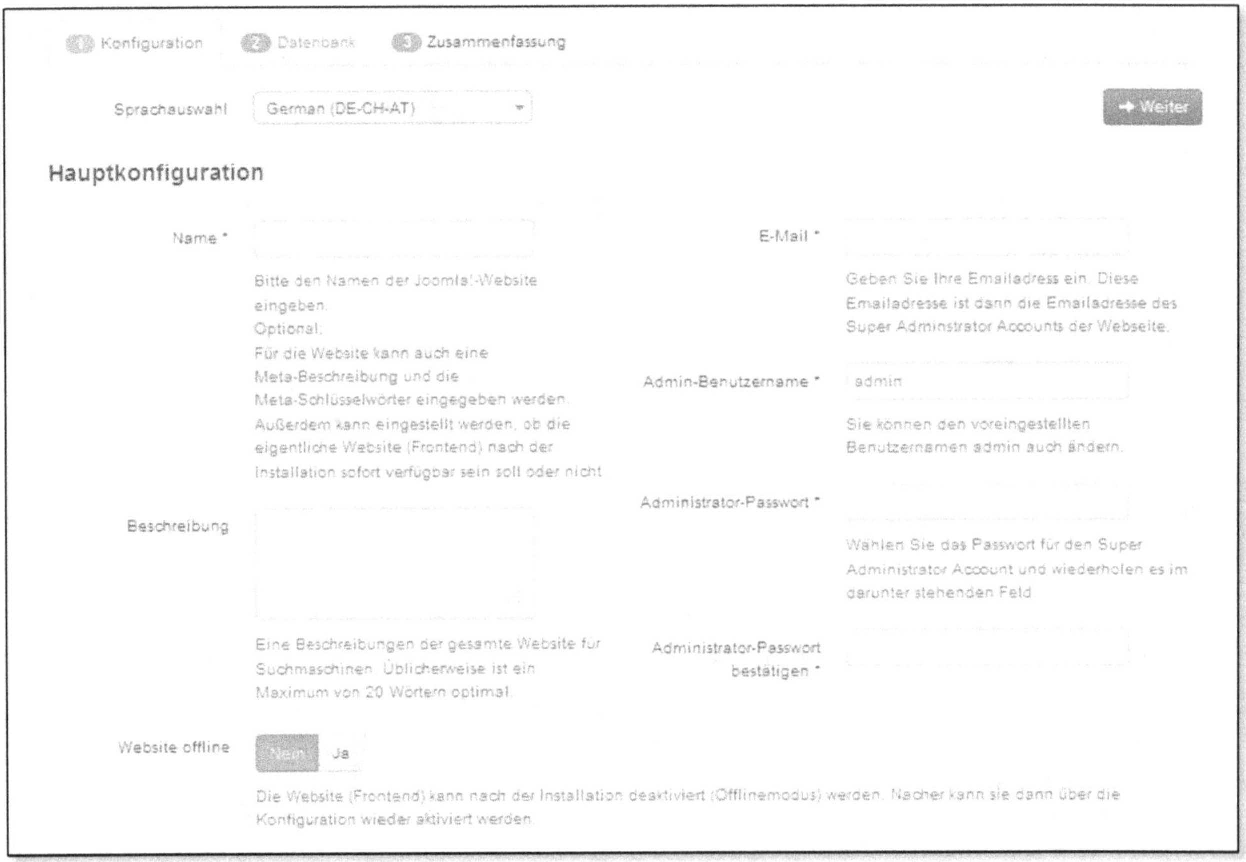

Abbildung 18: Geben Sie Standard-Daten der Webseite (unwichtig und kann später noch geändert werden) und Details Ihres Administrator-Zugangs ein (wichtig!)

In der „Hauptkonfiguration" müssen Sie verschiedene Angaben zu Website machen. Als erstes müssen Sie einen Namen für die Website festlegen. Geben Sie dort in wenigen Worten ein, um was es geht, also beispielsweise „Meine erste Joomla-Website". Außerdem können Sie eine Beschreibung eingeben. Diese jedoch aktuell noch nicht so wichtig.

Weiterhin geben Sie Ihre E-Mail und ein von Ihnen zu wählendes Passwort als Administrator-Daten an. Das sind die später von Ihnen benötigen Zugangsdaten zum Backend. Diese Angaben sind sehr wichtig! Im Zweifel notieren Sie sich diese Daten irgendwo, denn wenn Sie Ihr Administrator-Passwort verlieren, können Sie nur noch schwer etwas an Ihrer Website verändern und müssen sie am ehesten wieder einstampfen, um ganz neu beginnen zu können.

Den Administrator-Namen „admin" sollten Sie aus Sicherheitsgründen ändern. Denn sonst kennt jeder Hacker, der herausgefunden hat, dass Ihre Website mit Joomla aufgebaut wurde, bereits die Hälfte des Backend-Zugangs und muss nur noch das Passwort herausfinden. Verwenden Sie jetzt als Beispiel Ihren Vornamen, später sollten Sie dann aber etwas Ausgefalleneres verwenden.

Mit der Einstellung „Webseite offline" können Sie festlegen, ob Ihre Joomla-Website gleich nach der Installation im Internet erscheinen soll, oder ob Sie diese erst später für die Öffentlichkeit freigeben möchten – etwa nachdem Sie die ersten Inhalte erstellt haben. Ich schlage Ihnen aber der Einfachheit halber vor, die Website von Anfang an frei zu geben. Wir kommen später nochmal darauf zu sprechen.

Klicken Sie nun auf „Weiter", um Angaben zur MySQL-Datenbank zu machen, die Joomla benötigt, um später Daten dort abzuspeichern und immer wieder darauf zurückgreifen zu können:

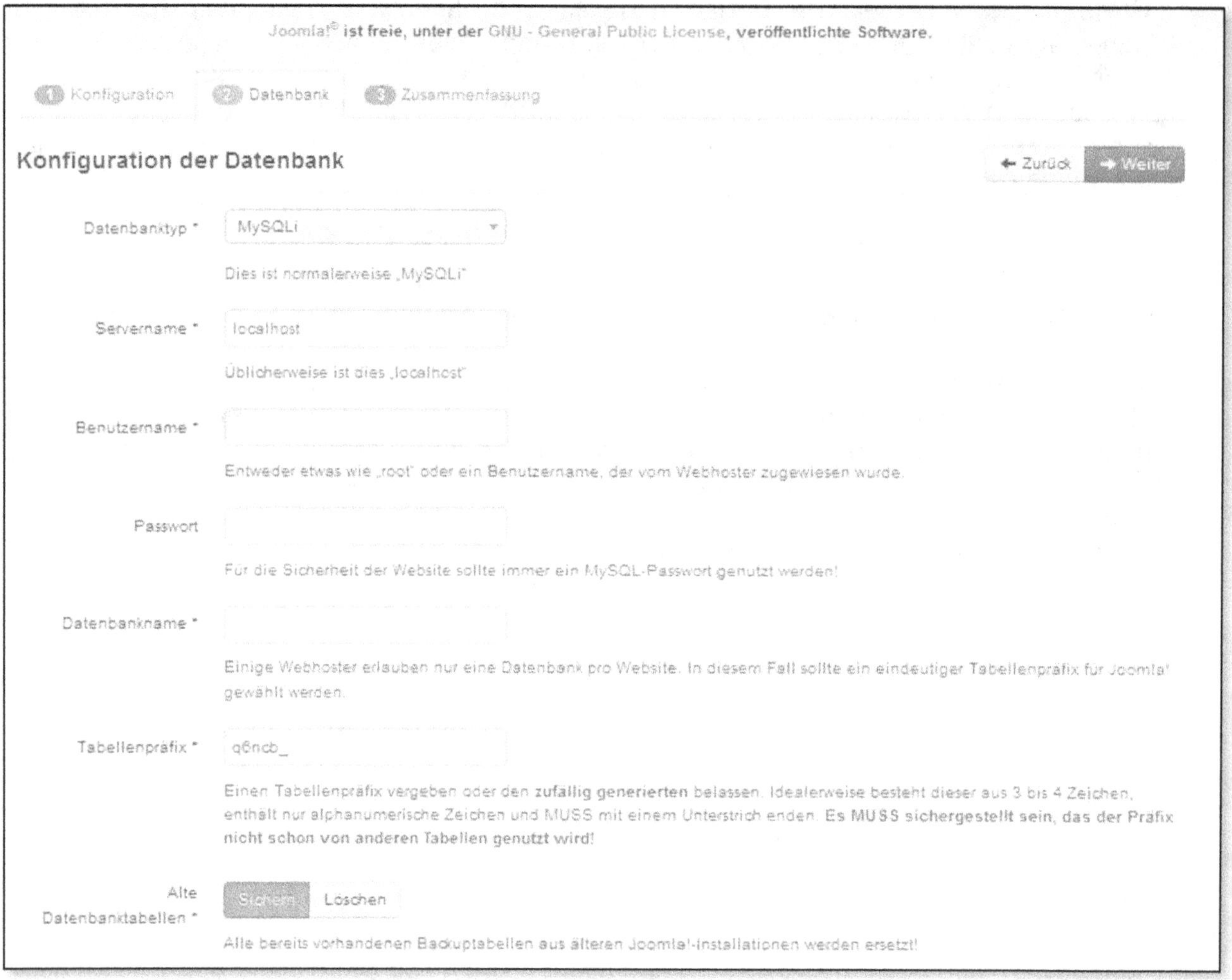

Abbildung 19: Geben Sie die Zugangsdaten der MySQL-Datenbank ein.

Entweder haben Sie die MySQL-Datenbank selbst angelegt (wenn Sie Joomla auf Ihrem PC laufen lassen) oder Sie erstellen eine MySQL-Datenbank in Ihrem Account bei einem Webspace-Anbieter. Dazu loggen Sie sich in Ihren dortigen Account ein und suchen die entsprechende Funktion. Dort erstellen Sie die MySQL-Datenbank und bekommen dann einen Benutzernamen und ein Passwort sowie einen Datenbanknamen, den Sie in die Installationsmaske von Joomla eingeben. Bei der lokalen Installation auf Ihrem Rechner verwenden Sie als Datenbank-Name die Bezeichnung, die Sie selbst bei der Erstellung der Datenbank gewählt haben, geben bei „Benutzernamen" „root" ein und lassen das Feld für das Passwort leer.

Den Punkt „Alte Datenbanktabellen" können Sie vernachlässigen. Da Ihre MySQL-Datenbank frisch angelegt ist und keine Daten enthält, gibt es dort auch nichts zu sichern. Letztendlich brauchen Sie diese Funktion höchst selten, denn Sie sollten für jede Joomla-Installation eine frische Datenbank anlegen. Sonst ändert die neue Installation ggf. etwas an den bereits in der Datenbank stehenden Daten und andere Anwendungen, die diese Datenbank benötigen, funktionieren dann nicht mehr. Nutzen Sie also für jede Joomla-Installation immer eine eigene, leere Datenbank! Klicken Sie anschließend auf „Weiter".

Die Joomla-Installation prüft nun, ob die MySQL-Datenbank erreichbar ist, und wenn dies erfolgt ist, zeigt Joomla Ihnen noch eine Zusammenfassung des Installationsvorgangs (Abbildung 20 und 21), den Sie dann abschließen können:

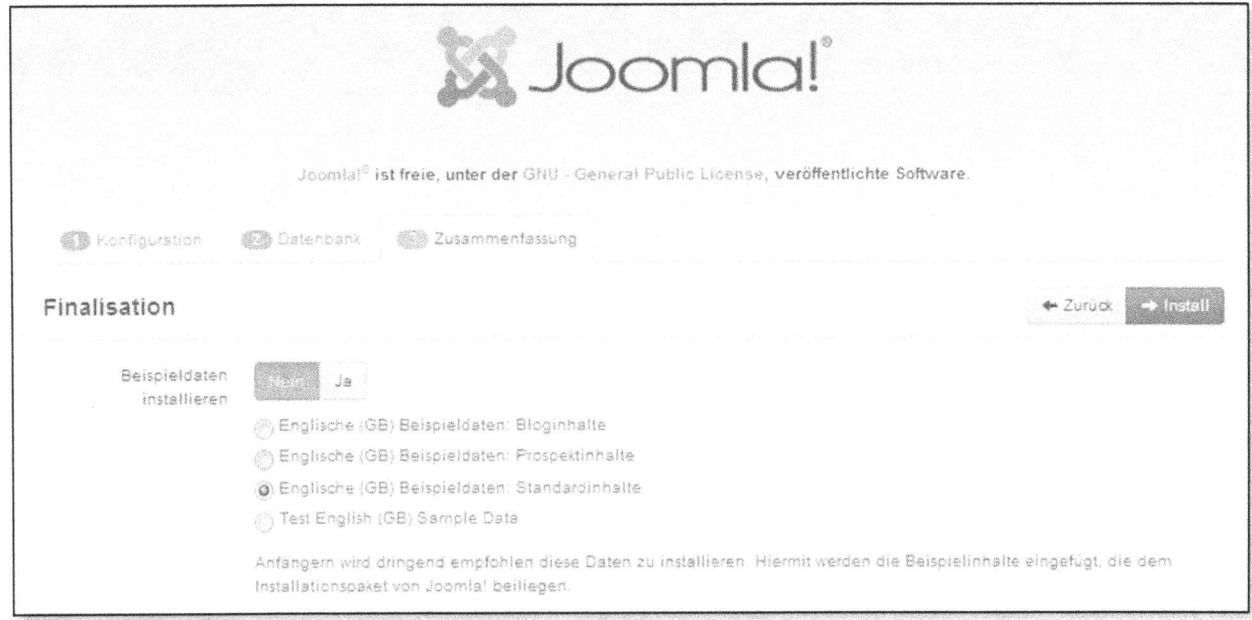

Abbildung 20: Zusammenfassung (1), wählen Sie, ob Sie Beispieldaten installieren möchten.

Was sind Beispieldaten? Ganz einfach: Wenn Sie Joomla installieren, erhalten Sie eine leere Website, die Sie dann mit Inhalten füllen müssen, sollen und wollen. Aber zum Ausprobieren und Kennenlernen von Joomla kann es hilfreich sein, wenn Sie die eigentlich leere Joomla-Website bereits mit einigen Texten, Menüs und Modulen bestücken und damit die Möglichkeiten von Joomla kennenlernen können.

Allerdings möchte ich Sie bitten, die Beispielinhalte jetzt nicht zu installieren! Denn aus meiner Erfahrung sind diese eher verwirrend als hilfreich, da diese Beispielinhalte dutzende von Artikeln und eine Komplexe Menüstruktur umfassen, die man als Joomla-Neuling kaum überblicken oder verstehen kann. Wir verzichten daher darauf und ich werde Ihnen in den nächsten Kapiteln einfach zeigen, wie Sie die ersten Inhalte für Ihre neue Website selbst erstellen können.

Schauen Sie nun den unteren Teil der Installationszusammenfassung an:

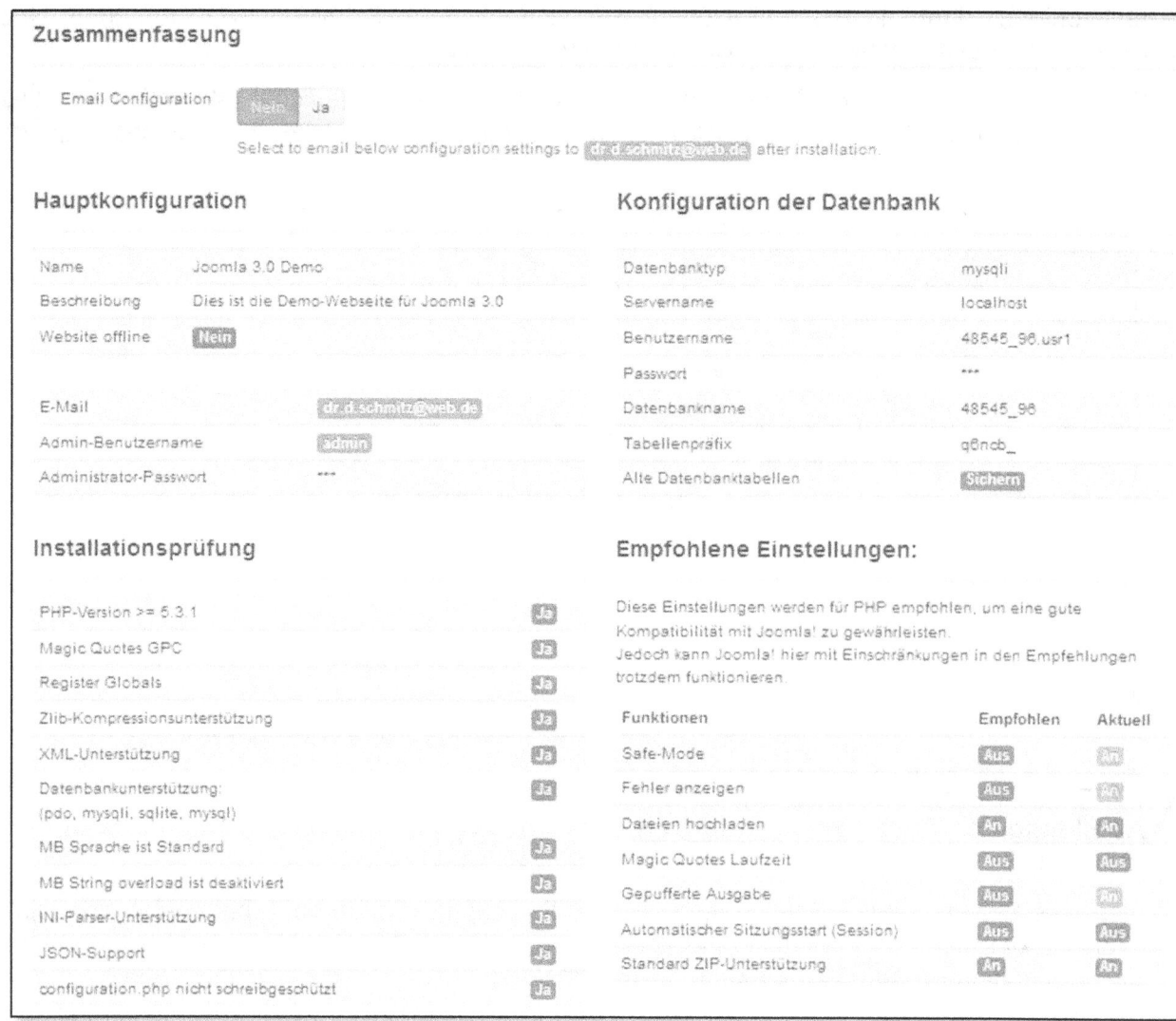

Abbildung 21: Zusammenfassung (2), die von Ihnen festgelegten Daten und die Server-Konfiguration.

Betrachten Sie noch einmal die Angaben. Wenn Sie möchten, können Sie sich diese auch per Email zuschicken lassen. Setzen Sie dafür die Funktion „Email Konfiguration" auf „Ja". Wenn Sie das tun, erscheint eine zweite Option, mit der Sie zusätzlich festlegen können, ob Sie auch die (eigentlich geheimen) Passwörter für den Administrator-Zugang und den Zugang zur MySQL-Datenbank per Email erhalten wollen. Sie werden extra nochmal gefragt, da es natürlich mit gewissen Sicherheitsbedenken verbunden ist, wenn Sie solche sensiblen Daten einfach per Email herumschicken. Letztendlich ist es besser, sich diese Dinge auf einem Stück Papier zu notieren. Und was die anderen Daten der Zusammenfassung angeht: Die können Sie jederzeit im Backend Ihrer Joomla-Website nachschauen und müssen diese nicht in irgendeiner Form elektronisch oder konventionell gesichert haben. Sie können daher auf die Email-Funktion bedenkenlos verzichten und auf „Install" oben rechts klicken, um die Installation abzuschliessen.

Abbildung 22: Abschluss der Installation - Löschen Sie das Installationsverzeichnis.

Sie haben es geschafft! Joomla ist installiert. Sie müssen nun allerdings noch einen Ordner aus den Joomla-Dateien entfernen, der Dateien für die Installation enthält. Sie brauchen diese Dateien jetzt nicht mehr und Joomla funktioniert nur, wenn Sie diesen Ordner mit seinem Inhalt entfernen. Glücklicherweise gibt es seit Joomla 1.6 einen einfachen Button, mit dem Sie diesen Löschvorgang ausführen können. Klicken Sie also auf „Installationsverzeichnis löschen". Nach ein paar Sekunden erhalten Sie eine Meldung, dass der Ordner erfolgreich gelöscht wurde und können sich dann entscheiden, ob Sie das Frontend („Website") oder das Backend („Administrator") Ihrer neuen Joomla-Website aufsuchen wollen.

Mein Vorschlag: Klicken Sie zuerst einmal auf „Website" und sehen Sie sich das Ergebnis Ihrer Installation an (Abbildung 23). Sie betreten damit das erste Mal das Frontend einer Joomla-Website.

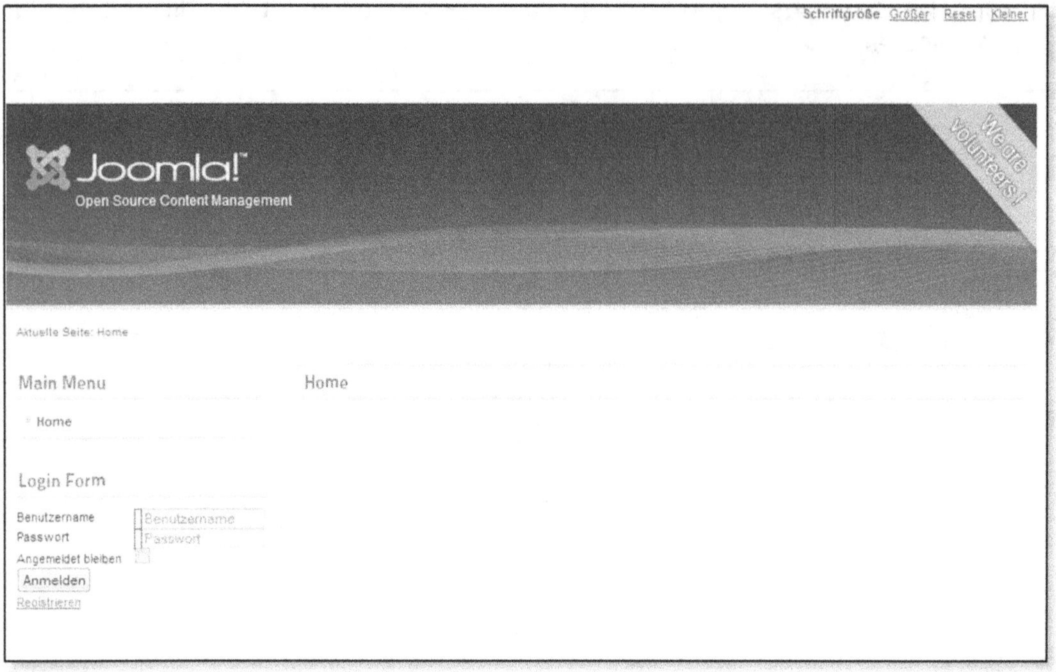

Abbildung 23: Die Joomla-Startseite mit den Beispielinhalten.

Das Frontend bietet aktuell noch nicht so viel, was einen näheren Blick lohnen würde. Sie finden lediglich ein Modul mit dem Titel „Main Menu", das ein Menü darstellt (mit dem einzigen Menüpunkt „Home") und ein Modul mit dem Titel „Login Form" mit einem Login-Feld. Auch dieses hat aber aktuell noch keine wichtige Funktion, da es noch keine Passwortgeschützten Bereiche im Frontend gibt. Beachten Sie dabei: Der Login im Frontend hat nichts mit dem Login in das Backend zu tun! Der Backend-Bereich ist vollkommen getrennt vom Frontend und auch nicht über das Frontend erreichbar. Allerdings kann es dennoch auch im Frontend passwortgeschützte Bereiche geben. Zum Beispiel wenn Sie bestimmte Inhalte nicht allen Besuchern Ihrer Webseite zeigen wollen.

Übrigens finden Sie in Ihrem spärlichen Frontend noch ein kleines Modul: Den Navigationspfad, der sich direkt oberhalb des Moduls „Main Menu" befindet und anzeigt, auf welcher Seite der Besucher sich gerade befindet. Sie erkennen also eindeutig: Module sind kleine Teile Ihrer Website, mit denen Sie verschiedene Funktionen realisieren können.

5. Joomla kennenlernen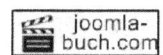

Bewegen Sie sich nun in das Backend Ihrer Website (den wirklich interessanten Bereich!), indem Sie an die Webadresse der Startseite einfach „/administrator" anhängen. Ist Ihr Frontend unter http://www.IhreDomain.de erreichbar, dann ist das http://www.IhreDomain.de/administrator. Verwenden Sie Joomla lokal auf Ihrem PC, dann ist das: http://localhost/joomla/administrator (sofern Sie Joomla im Ordner „joomla" installiert haben). Sie werden dann zur Angabe von Benutzernamen und Passwort für den Zugriff auf das Backend aufgefordert (Abbildung 24):

Abbildung 24: Der Login in das Backend von Joomla

Sie gelangen dann in die Startoberfläche des Backend (Abbildung 25).

Grundsätzlich können Sie jetzt auch erst einmal eine kleine Verschnaufpause einlegen und sich im Backend ein wenig umsehen. Die meisten Dinge sind ziemlich sinnvoll beschriftet und der Sinn erschließt sich ein wenig aus den Dingen selbst. Und solange Sie nicht irgendwo auf „löschen" oder „deaktivieren" oder etwas Ähnliches klicken, können Sie eigentlich auch nichts kaputt machen. Und selbst wenn: Noch ist Ihre Website ja ganz frisch. Sollten Sie es schaffen, die Website zu zerstören oder irgendwie unbrauchbar zu machen, dann löschen Sie einfach alle Daten aus dem Verzeichnis, in dem Sie Joomla installiert haben, entfernen die MySQL-Datenbank und fangen noch einmal von vorne an. Lieber jetzt, als später mit Ihrer mit viel Liebe und Mühe erstellten Website!

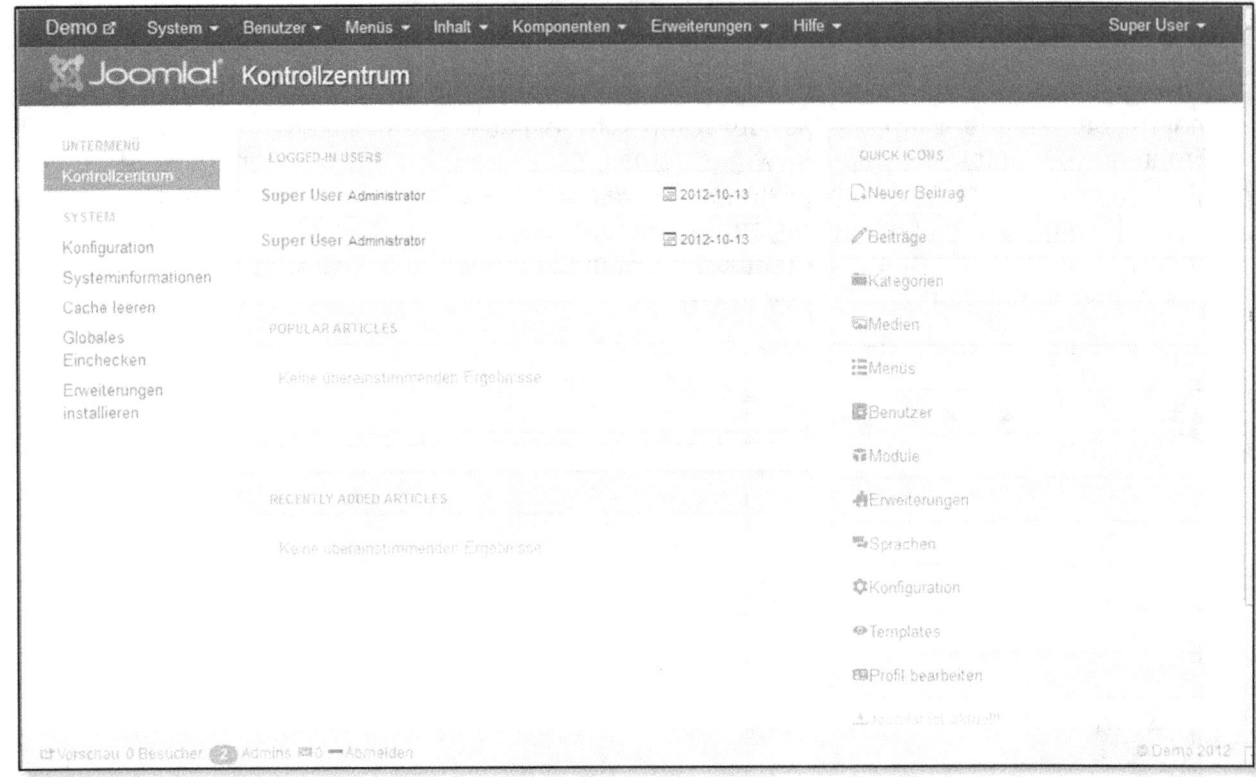

Abbildung 25: Das Backend Ihres Joomla-Website

Die Ansicht des Backends mag auf den ersten Blick verwirrend sein, bald werden Sie sich hier aber schon sehr wohl fühlen und ohne großes Nachdenken von einem Bereich zum anderen klicken und wie selbstverständlich mit wenigen Handgriffen wesentliche Dinge an Ihrer Internetseite gestalten können.

> Zur Klärung wichtiger Begriffe möchte ich Ihren Blick auf die Menüzeile oben (links) im Backend richten. Dort finden Sie Menüpunkte wie „Kontrollzentrum", „Benutzer", „Menüs" etc. Dieses Menü werde ich weiterhin als Backend-Menü bezeichnen. Dann wissen Sie, dass Sie dort klicken müssen. Klicken Sie nun auf einen der Menüpunkte dort. Sie sehen, dass es sich um sog. Drop-Down-Menüpunkte handelt. D.h. es öffnen sich weitere untergeordnete Menüpunkte, wenn Sie auf einzelne Haupteinträge klicken.
>
> Für Ihre weitere Arbeit in diesem Buch und mit Joomla werden Sie immer wieder verschiedene Funktionen auf verschiedenen Ebenen dieses Menüs aufsuchen, anklicken und benutzen müssen. Um die Schreibweise zu vereinfachen, werde ich statt: „Klicken Sie auf den Untermenüpunkt „Beiträge" im Menüpunkt „Inhalt"", schreiben: „Klicken Sie auf „Inhalt >> Beiträge"".

Nehmen Sie sich nun einige Minuten Zeit und klicken Sie sich einfach einmal durch die verschiedenen Menüs durch, die Sie sehen. Sie erkennen schnell, dass Sie hier wirklich alles steuern können. Zur Administrationsoberfläche kommen Sie jederzeit zurück, indem Sie im Backend-Menü auf „Kontrollzentrum" klicken.

Über das Backend-Menü können Sie alle relevanten Funktionen erreichen – einige wichtige sind zusätzlich auch durch die Buttons oder Menüs erreichbar, die Sie im Kontrollzentrum (also im Screenshot der Abbildung 25) finden. Diese Menüs/Buttons werden Sie aber kaum nutzen, denn dazu müssten Sie immer wieder zuerst zum Kontrollzentrum zurückkehren, wenn Sie irgendwo an einer anderen Stelle tief im Backend arbeiten. Viel einfacher ist das Navigieren über die (seit Joomla 1.6 kontinuierlich verbesserten) Dropdown-Menüpunkte im Backend-Menü.

Übrigens finden Sie links unten im Backend noch:

Abbildung 26: Einige Sonderfunktionen und Infos im Backend

Klicken Sie „Vorschau", um zum Frontend Ihrer Webseite zu gelangen, Das ist besonders nützlich, wenn Sie im Backend etwas ändern und dann die Auswirkungen auf das Frontend betrachten möchten. „Besucher" gibt an, wie viele Nutzer sich gerade im Frontend Ihrer Website eingeloggt haben, „Admin" zeigt, wie viele Nutzer gerade im Backend eingeloggt sind, neben dem (etwas schlecht zu erkennenden) Symbol des Briefumschlages finden Sie die Information, ob eine Nachricht für Sie vorliegt. „Abmelden" erklärt sich von selbst und sollte von Ihnen am Ende der Arbeit im Backend stets genutzt werden.

6. Neue Inhalte ordnen, erstellen und online stellen

Nachdem Sie nun ein paar Blicke in Frontend und Backend geworfen haben, möchte ich mit Ihnen gleich in die Praxis einsteigen und erste Veränderungen an der von Ihnen installierten Joomla-Website vornehmen.

Wesentliche Inhalte von Joomla sind so genannte „Artikel", d.h. Textbeiträge, die auch Bilder oder andere Elemente enthalten können, aber doch meistens mehrheitlich aus Text bestehen. Diese Artikel sind in ein flexibles Kategorien-System geordnet.

6.1. Die Kategorien – Ordnungssystem für Artikel (und fast alle anderen Elemente in Joomla)

Da Sie mit der Zeit eine immer größere Anzahl von Artikeln auf Ihrer Website veröffentlichen werden, macht es Sinn, diese von Anfang an in einer klaren Struktur zu ordnen. Das macht das spätere Auffinden von Artikeln einfacher und erleichtert den Überblick. Daher finden Sie in Joomla ein von Ihnen nahezu unbegrenzt nutzbares und erweiterbares Kategoriensystem, das ähnlich funktioniert wie die Ordner-Struktur einer Festplatte: Sie können beliebig viele Ordner und Unter-Ordner anlegen und Artikel in diese Ordner einsortieren. Um sich die bestehenden Kategorien der Beispielinhalte anzusehen, klicken Sie im Backend-Menü auf „Inhalt >> Kategorien":

Abbildung 27: Die Listenansicht der Kategorien mit der bereits angelegten Kategorie

Bevor Sie den Blick auf den Eintrag in der Kategorienliste lenken, betrachten Sie die Buttonleiste unter der Überschrift „Kategorien: Beiträge". Diese sind beschriftet mit „Neu", „Bearbeiten", „Freigeben" etc. An dieser Stelle finden Sie überall im Backend verschiedene, wichtige Funktionen, bezogen auf die gerade angezeigten Elemente. Aktuell finden Sie dort also Funktionen, die sich auf das Kategoriensystem beziehen. Im Folgenden bezeichne ich diese Buttons als „Funktionsleiste". Schauen Sie sich nun die Einträge in der Kategorien-Liste an:

Sie erkennen eine Kategorie „Uncategorised". Diese bringt Joomla immer mit sozusagen als Standard-Kategorie für alle Ihre Artikel, sofern Sie keine weiteren, eigenen Kategorien anlegen wollen.

In der Spalte „Status" erkennen Sie, ob eine Kategorie tatsächlich aktiv genutzt werden kann oder inaktiv ist. Inaktiv bedeutet bei Joomla immer, dass dieses Element (also in diesem Fall die Kategorie) zwar angelegt ist, allerdings nicht genutzt werden kann. Weiterhin erkennen Sie noch eine Angabe über die Zugriffsebene und die Sprache. Dazu später mehr.

Werfen Sie außerdem noch einen Blick auf die Filter-Zeile links der Liste von Kategorien (bestehend aus mehreren Dropdown-Filtern. Dort können Sie (wenn Sie irgendwann einmal eine unüberschaubare Anzahl von Elementen in Ihrer Liste haben) gezielt nach bestimmten Einträgen suchen. Dazu nutzen Sie eines oder mehrere der Dropdown-Felder „Ebene", „Status", „Zugriffsebene" oder „Sprache". Alternativ können Sie auch das Feld „Suchen" oberhalb der Kategorien-Liste nutzen, um nach bestimmten Kategorien zu suchen.

Achtung: In Joomla finden Sie die beschriebenen Elemente der Funktionsleiste und der Filter-Zeile sowie die Spalten „Status", „Reihenfolge" und „Zugriffsebene" in vielen Übersichtslisten. Sei es die hier gezeigte Übersichtsliste alle Kategorien oder aller Artikel oder aller Benutzer oder, oder, oder ...

Die Funktionsweise der Buttons ist dabei immer gleich, je nach angezeigten Elementen finden Sie aber den einen oder anderen zusätzlichen Button oder eine zusätzliche Filteroption.

6.2. Übung: einen eigenen Text erstellen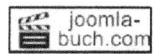

Nachdem Sie nun die vorhandenen Kategorien angesehen haben, sollten Sie einen eigenen Text schreiben und diesen auf die Website ins Frontend bringen – schließlich es das eigentlich der Grund, warum Sie Joomla nutzen wollen. Klicken Sie dazu im Backend-Menü auf „Inhalt >> Beiträge". Sie sehen dann eine Listen-Ansicht der der Artikel, die in den Beispielinhalten enthalten sind. Diese Ansicht ist der Listen-Ansicht der Kategorien sehr ähnlich, daher erspare ich mir einen Screenshot. Klicken Sie auf den Button „Neu" in der Funktionsleiste. Sie gelangen dann zum Artikel-Editor, mit dem Sie einen neuen Artikel erstellen können (Abbildung 28).

Im unteren Bereich des Screenshots erkennen Sie einen Texteditor, der einfach zu bedienen ist, sofern Sie mit einem gängigen Textverarbeitungsprogramm vertraut sind. Oberhalb davon finden Sie zwei mit einem (*) gekennzeichneten Merkmale: Titel und Kategorie. D.h. Sie müssen dem Artikel einen Titel zuweisen und ihn auch in eine Schublade (=eine Kategorie) einordnen, damit Joomla diesen entsprechend einordnen kann.

Merke: Sie können einen Artikel allein mit den Angaben „Titel", „Kategorie" und dann entsprechendem Text erstellen. Alle anderen hier zu sehenden Funktionen sind lediglich Zusatzoptionen, die Sie nicht nutzen *müssen*. Ich möchte Ihnen hier so einfach wie möglich zeigen, wie Sie schnell Texte auf Ihre Joomla-Website bringen. Daher werde ich Ihnen nicht alle Optionen vorstellen, Sie jedoch soweit „ausrüsten", dass Sie selbstständig arbeiten können.

Werfen Sie noch einen Blick auf das „Alias". Sie brauchen da jetzt nichts einzugeben (Joomla erstellt dann ein Alias aus dem von Ihnen eingegebenen Titel des Artikels, aus „Mein Artikel" wird dann zum Beispiel das Alias „mein-artikel"), aber das Alias könnte später einmal wichtig werden. Denn es wird bei Joomla je nach den von Ihnen getroffenen Einstellungen dazu verwendet, die URL (=Webadresse zu der Seite, die den betreffenden Artikel später zeigt) zu generieren. Das kann aus Gründen der Suchmaschinen-Optimierung interessant sein. Lesen Sie dazu mehr im Abschnitt „Suchmaschinen-Optimierung".

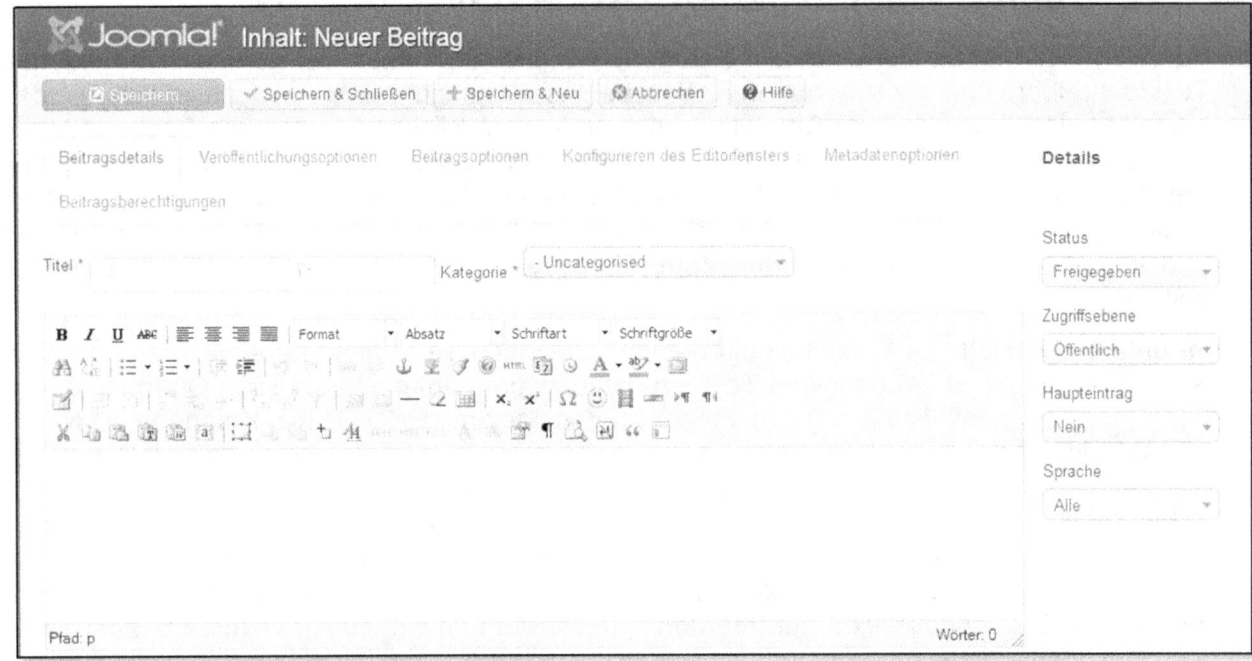

Abbildung 28: Der Editor zur Erstellung eines neuen Beitrags. Beachten Sie die verschiedenen Reiter „Beitragsdetails", „Veröffentlichungsoptionen", „Beitragsoptionen" usw.

Weiterhin können Sie eine Zugriffsebene ändern (belassen Sie jetzt den Wert „Öffentlich") und die Zugriffsrechte für diesen Artikel speziell regeln (welche Besucher Ihrer Website dürfen den Artikel im Frontend einsehen und welche nicht). Mehr dazu im Kapitel über die Benutzerrechte.

Nutzen Sie nun den Artikel-Editor, um Ihren ersten Test-Artikel zu schreiben. Legen Sie als erstes den Titel Ihres Artikels fest, schreiben Sie „Mein Artikel". Wählen Sie dann eine Kategorie, in die Sie den Artikel einordnen wollen. Aktuell gibt es da nur die Wahlmöglichkeit „Uncategorised". Schreiben Sie dann im Editor einen Text für den Artikel. Schreiben Sie zum Beispiel: "Hallo, das ist meine erste Website mit Joomla. Joomla ist ein Content-Management-System und man kann damit auf einfache Art und Weise sehr schöne und vielseitige Webseiten erstellen". Klicken Sie dann auf „Speichern"[9]. Ihr Artikel ist jetzt in der MySQL-

---

[9] In der Funktionsleiste finden Sie auch die Buttons „Speichern & Schließen" und „Speichern & Neu". Ersterer bringt Sie zurück zur Artikelübersicht, letzterer öffnet gleich einen neuen Artikel-Editor, was praktisch ist, wenn Sie viele Artikel nacheinander erstellen wollen. Dann müssen Sie nicht jedes Mal erst auf „Speichern", dann „Schließen" und dann „Neu" klicken. Wenn Sie an einem Artikel/Element arbeiten und die Auswirkungen im Frontend ansehen wollen, nutzen Sie immer den Button „Speichern", denn dann können Sie bei Bedarf direkt weiter an dem Artikel/Element arbeiten und müssen es nicht erst wieder öffnen.

Datenbank von Joomla als HTML-Text gespeichert[10]. Schauen Sie sich nun das Frontend an. Achtung: Sie sehen keine Veränderung! Damit ein Artikel auf der Startseite Ihrer Joomla-Website angezeigt wird, müssen Sie den Artikel im Backend noch bearbeiten und die Option „Haupteintrag", die Sie rechts neben dem Editor-Fenster erkennen, auf „ja" setzen. Tun Sie das und schauen Sie sich das erneut Frontend an:

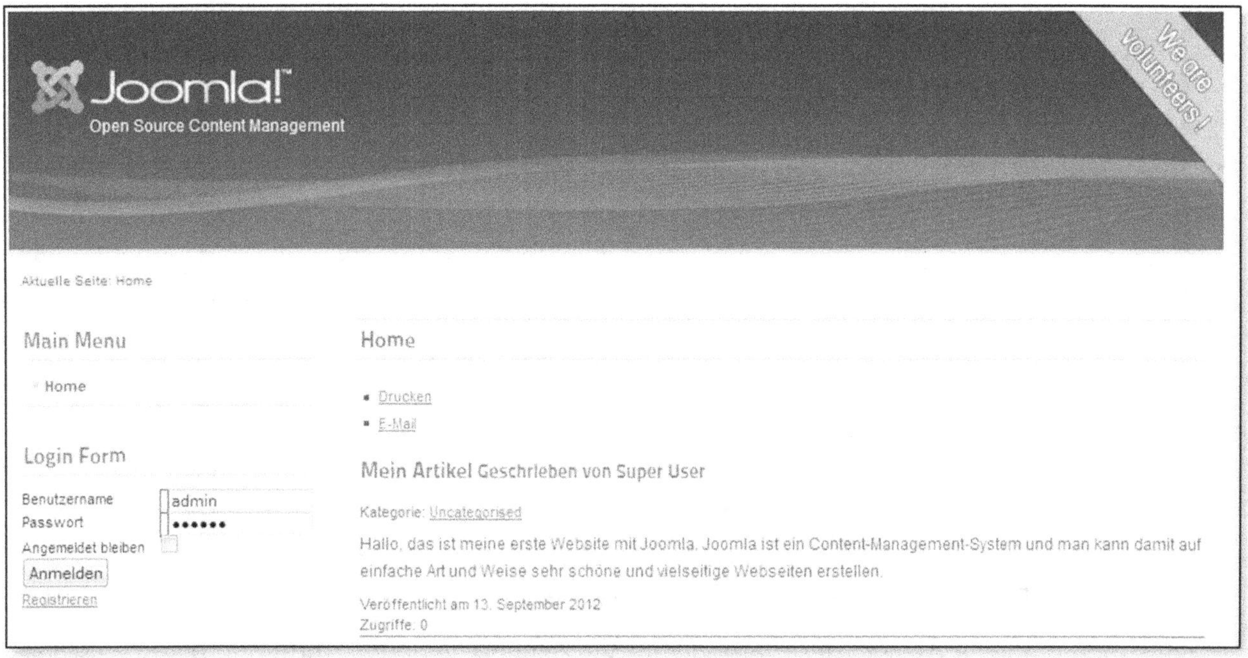

Abbildung 29: Ihr Artikel erscheint auf der Startseite Ihrer Website

Achtung: Wenn das bei Ihnen nicht funktioniert, prüfen Sie, ob Sie die Option „Hauptbeitrag" wirklich auf „Ja" gesetzt haben.

Kehren Sie jetzt wieder zu Ihrem Beitrag zurück, und öffnen Sie die Detailansicht, indem Sie auf den Namen des Artikels klicken. Nutzen Sie nun wieder den Text-Editor, um den Artikel zu verändern.

Ein Bild einfügen joomla-buch.com

Jetzt sollen Sie ein Bild in den Artikel einfügen. Nutzen Sie dafür den Button „Bild" unterhalb des Texteditors. Dieser wird dort übrigens durch ein bereits erwähntes Plug-in realisiert.

---

[10] Und damit erfahren Sie auch, was die wesentliche Funktion des Editors ist: Er wandelt den Text und das Textformat (Schriftgröße, Überschriften etc.) in einen Text in der Programmiersprache HTML um. Denn damit der Browser, der später diesen Text darstellen soll, auch Textformatierungen anzeigen kann, müssen diesen Angaben auch übermittelt werden. Das geschieht mittels HTML-Kommandos, die es zum Beispiel für „Text fett drucken" oder „Text kursiv darstellen" und vieles mehr. Der Browser „versteht" HTML und kann dann aus dem übermittelten HTML-Text den von Ihnen gewünschten Artikel genauso darstellen, wie Sie ihn im Joomla-Editor angelegt haben.

Klicken Sie darauf, nachdem Sie den Cursor an die Stelle des Textes bewegt haben, an der Sie ein Bild einfügen möchten:

Abbildung 30: Fügen Sie ein Bild in den Text ein

Sie sehen nun eine Ansicht der Elemente im Verzeichnis „/images" Ihrer Joomla-Installation[11]. Sie können eines der vorhandenen Bilder auswählen oder ein neues hochladen, indem Sie im unteren Bereich mittels „Durchsuchen" ein Bild auf Ihrem PC auswählen und dann mit „Hochladen starten" in das Medien-Verzeichnis von Joomla kopieren. Das können Sie später noch tun, wählen Sie jetzt das ganz rechte Bild aus und klicken Sie auf „Einfügen". Sie erkennen das Bild sofort im Texteditor an der Stelle, an der Sie zuvor den Cursor platziert hatten. Möchten Sie nun die Einstellungen des Bildes bearbeiten, dann markieren Sie das Bild durch einen Doppelklick und wählen dann im Editor den Button zur Bildbearbeitung aus (ein kleines Bäumchen):

---

[11] Standardmäßig ist es so eingestellt, dass sich in diesem Verzeichnis alle Bilder Ihrer Joomla-Webpräsenz befinden. Sie können dort weitere Unterordner erstellen und so Ihre Bilder verwalten. Möchten Sie Ihre Bilder zukünftig aber ganz woanders abspeichern, können Sie diesen Pfad „/images" in den „Optionen" im Backend-Menü unter „Inhalt >> Medien" verändern.

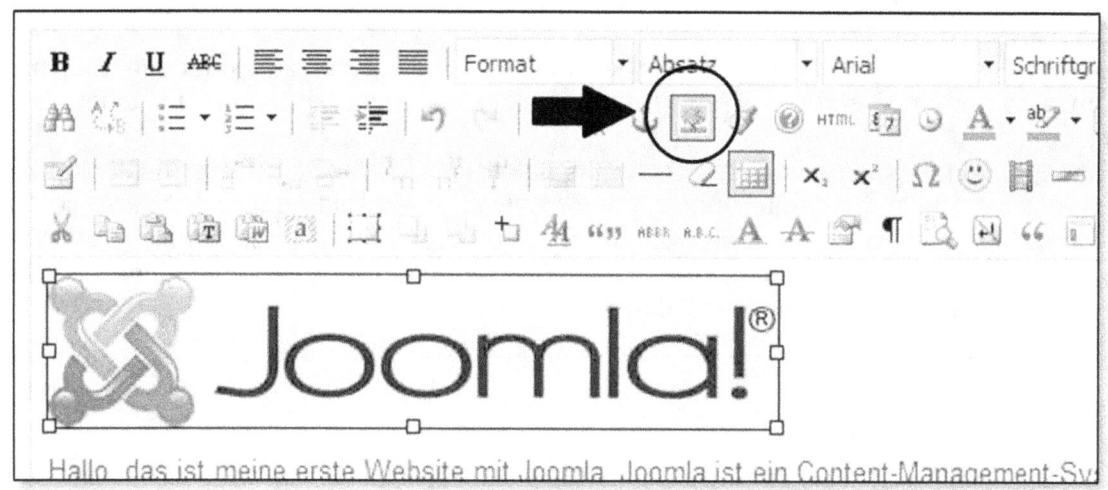

Abbildung 31: Mit diesem Button ändern Sie die Eigenschaften des markierten Bildes

Es öffnet sich ein Pop-up-Fenster. Klicken Sie auf den Reiter „Aussehen" (Abbildung 32).

Hier können Sie einstellen, wie die Ausrichtung des Bildes im Text sein soll, wie groß es dargestellt werden soll, ob etwas Platz zwischen Bild und Text sein soll, ob es einen Rahmen haben soll usw. Probieren Sie etwas herum.

Beachten Sie dabei: Wenn Sie die Ausmaße eines Bildes ändern (z.B. 100 x 100 Pixel eingeben, obwohl Sie das Bild mit 150 x 200 Pixel in im Verzeichnis „/images" gespeichert haben), kann das die Ladezeiten Ihrer Website verlängern und teilweise auch zu hässlichen Verzerrungen der Bilder führen. Besser ist es da, die Bilder in einem Bildbearbeitungsprogramm auf die gewünschte Größe (so wie sie tatsächlich auf der Website angezeigt werden sollen) zu verändern und dann in Joomla in unveränderten Ausmaßen zu verwenden. Weiterhin empfehle ich Ihnen einen horizontalen Abstand von 5 Pixeln zwischen Bild und Text, damit der Text nicht direkt am Bild „hängt". Das verbessert die Lesbarkeit.

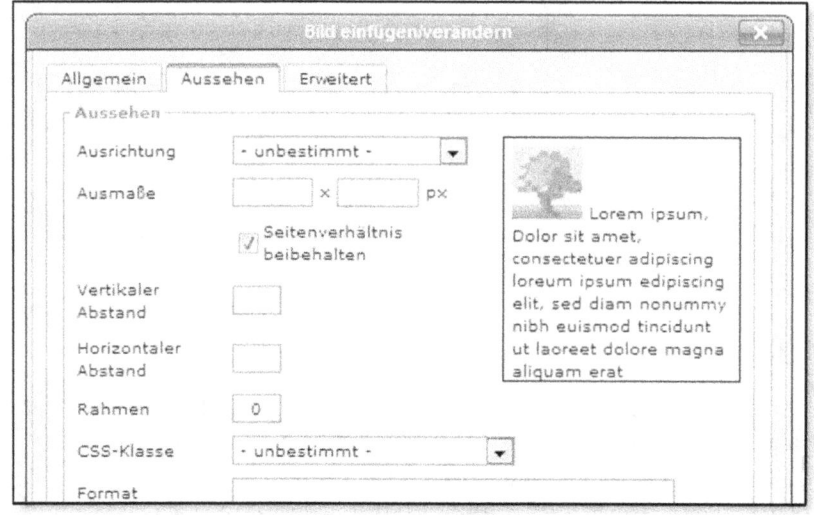

Abbildung 32: Der Reiter „Aussehen" im Pop-up-Fenster

Einen Link einfügen

Websites leben ja von „Links", d.h. Nutzer klicken auf einen Schriftzug oder ein Bild und werden an eine andere Stelle der Website weitergeleitet oder landen sogar auf einer ganz anderen Domain.

Das Einfügen von Links in einen Beitrag/Artikel auf einer Joomla-Seite ist zum Glück ganz einfach: Markieren Sie im Texteditor eines Artikels entweder ein Bild oder eine Textstelle, an der Sie einen Link einsetzen möchten. Als Übung markieren Sie in Ihrem Artikel das Wort „Webseite". Um dann den Link einzufügen, klicken Sie auf das Symbol der liegenden 8 oder einer Kette in den Funktionsbuttons des Editors.

Abbildung 33: Der Button zum Einfügen eines Links in die markierte Textstelle

Wenn Sie darauf klicken, öffnet sich ein neues Fenster, in dem Sie in die erste Zeile die Adresse des Links eintragen müssen (siehe Abbildung 34).

Abbildung 34: Legen Sie Zieladresse und ggf. einen Titel für den Link fest

D.h. dort kommt die Webadresse hinein (z.B. http://www.joomla-lernen.de), auf die derjenige geführt werden soll, der auf diesen Link klickt. Sie können auch noch einen Titel angeben, dieser wird dann als Tooltip angezeigt, wenn jemand später im Frontend den Mauszeiger über dem Link positioniert. Übrigens hat der Titel eines Links keinen relevanten Effekt auf die Suchmaschinen-Optimierung der Website. Dafür ist vielmehr der sog. „Anker-Text" sehr wichtig. Das ist der Textteil, den Sie markiert haben und der nun den Link trägt. Der Ankertext Ihres Links zu www.joomla-lernen.de ist demnach „Website mit Joomla", wenn Sie es genauso machen wie in Abbildung 34. Mehr dazu im Abschnitt über Suchmaschinen-Optimierung.

Bestätigen Sie die Eingabe mit einem Klick auf den Button „Einfügen" und schon ist Ihr Link platziert. Um einen Link wieder zu löschen, platzieren Sie den Cursor in dem Link (oder markieren die entsprechende Grafik) und klicken den Funktionsbutton direkt rechts neben dem Button „Link einfügen", der so aussieht wie ein gesprengtes Kettenglied. Vollziehen Sie das nach, indem Sie einen Link einfügen mit dem Ankertext „Webseite", diesen im Frontend ausprobieren und anschließend wieder aus dem Text löschen.

Der „Weiterlesen"-Button

Nachdem Sie nun ein Bild eingefügt haben, möchte ich Ihnen noch einen weiteren wichtigen Button in der Reihe unterhalb des Editorfensters vorstellen, den „Weiterlesen"-Button. Platzieren Sie dazu den Cursor im Text an das Ende der von Ihnen geschriebenen Zeile und klicken auf den Button „Weiterlesen".

Es erscheint nun eine rote Linie im Editorfenster und Sie können unterhalb dieser Linie weiterschreiben.

Abbildung 35: Die Linie trennt zukünftiges Intro und weitere Teile Ihres Artikels

Schreiben Sie dort einen beliebigen Satz hin, klicken Sie auf „Speichern" und sehen Sie sich das Ergebnis im Frontend an:

Abbildung 36: Die Funktion des „Weiterlesen"-Buttons

Sie sehen, dass nur das Intro Ihres Artikels (Teil vor der roten Linie) angezeigt wird, während der ganze Artikel erst angezeigt wird, wenn Sie auf den Link: „Weiterlesen: Mein Artikel" klicken, der am unteren Ende angezeigt wird. Diese Funktion ist also eine gute Möglichkeit, Ihre Artikel auf einer Seite anzubieten, ohne übermäßig viel Platz in Anspruch zu nehmen. Nutzer, die das angezeigte Intro interessant finden, können dann auf eigenen Wunsch den kompletten Artikel einsehen.

Zurück zum Texteditor in der Artikel-Detailansicht: Weiterhin finden Sie unterhalb des Text-Editors noch die Buttons „Beiträge", „Seitenumbruch" und „Editor an/aus":

Mit „Beiträge" fügen Sie in den Text an der Stelle, an der sich der Cursor gerade befindet, den Namen eines anderen Beitrages ein und einen Link zu diesem Beitrag.

„Seitenumbruch" können Sie nutzen, um einen langen Text zu strukturieren und in mehrere Seiten zu unterteilen. Platzieren Sie dazu den Cursor an der Stelle, an der Sie den aktuellen Text durch einen Seitenumbruch trennen wollen, und klicken Sie auf den Button. Sie müssen dann die Angaben „Seitentitel" und „Inhaltsverzeichnis" angeben. Diese verwendet Joomla dazu, der (durch Abtrennung) neu entstehenden Seite Ihres Textes einen Titel zuzuweisen und weiterhin ein kleines Inhaltsverzeichnis am Rand des Artikels im Frontend zu erstellen, bei dem jede von Ihnen erstellte neue Seite mit dem Begriff, den Sie unter „Inhaltsverzeichnis" angegeben haben, aufgeführt wird. Probieren Sie es einfach aus, indem Sie einen wahllosen Text in Ihren Artikel kopieren und diesen an verschiedenen Stellen durch einen Seitenumbruch unterteilen und sich das anschließend im Frontend ansehen.

Sonstige Editor-Funktionen

Aus Platzgründen möchte ich nicht auf jeden Button im Text-Editor eingehen. Die meisten sind selbsterklärend und sollten von Ihnen genutzt werden, um Texte zu strukturieren. Gut brauchbar ist der Button „Trennlinie einfügen", der eine waagrechte Linie zeigt. Dadurch können Sie eine durchgehende horizontale Linie in einen Text einfügen und diesen so in verschiedene Abschnitte strukturieren. Weiterhin sollten Sie Texte durch das Verwenden von Aufzählungen (Button in der zweiten Zeile links) und Überschriften (Dropdown-Feld mit verschiedenen Textformaten) strukturieren, um die Lesbarkeit zu verbessern.

Ebenfalls nützlich ist der Button „HTML-Quellcode bearbeiten" (unter den Dropdown-Feldern), mit dem Sie den Beitrag im HTML-Format ansehen können. Mit der Zeit werden Sie die dortigen Angaben besser verstehen und können dort auch selbst Formate ändern oder angeben. Manchmal kann es auch nötig sein, in diesem Editor einen Text zu erstellen und dann den HTML-Text mittels Copy and Paste in eine andere Anwendung/Erweiterung zu kopieren (da dort z.B. die Eingabe von HTML-Text nötig ist).

Die Beitragsoptionen

In Joomla können Sie beinahe Monate damit verbringen auszuprobieren, auf welche verschiedenen Arten Sie das Erscheinungsbild eines Artikels im Frontend beeinflussen können. Sie haben bereits die Möglichkeiten des Seitenumbruchs und der Weiterlesen-Funktion kennengelernt. Gehen Sie in die Detailansicht des von Ihnen erstellten Beitrags und klicken oberhalb des Artikeleditors auf den Reiter „Beitragsoptionen" (Abb. 37).

Abbildung 37: Modifizieren Sie das Aussehen des Artikel sim Frontend.

Sie finden eine lange Liste von Optionen, von „Titel" bis zu „Linkpositionierung". Überall steht dort „Globale Einstellung", d.h. es werden für diesen Artikel die Einstellungen übernommen, die Sie in den Optionen für alle Artikel gemeinsam festgelegt haben. Sie können jedoch alternativ „Verbergen" oder „Anzeigen" auswählen, um eine von den globalen Einstellungen abweichende Darstellung anzuwenden. Wenn Sie möchten, probieren Sie ein paar Möglichkeiten aus und sehen sich das Ergebnis im Frontend an (Speichern nicht vergessen, sonst sind die Änderungen nicht wirksam). So können Sie die Eigenschaften einzelner Artikel ändern.

Wenn Sie aber zeitsparend für alle zukünftigen und bestehenden Artikel bestimmte Optionen der „Beitragsoptionen" ändern wollen, dann geht das so:

Klicken Sie im Backend-Menü auf „Inhalt >> Beiträge" und gelangen so zur bereits bekannten Listen-Übersicht Ihrer Artikel. Sie finden nun in der Funktionsleiste einen Button „Optionen".

Klicken Sie auf den Button, um die globalen Anzeigeoptionen für alle Artikel zu bearbeiten. Ihnen wird dann die gleiche Liste von Optionen angeboten, wie Sie sie gerade für den einzelnen Artikel eingesehen haben. Alle Änderungen, die Sie hier machen, sind dann aber automatisch für alle Artikel gültig, die für den jeweiligen Parameter (z.B. „Titel verlinken") die Auswahl „Globale Einstellung" haben.

Bitte haben Sie Verständnis, dass ich nicht alle Punkte erläutern kann. Dankenswerterweise gibt es sehr aufschlussreiche Tooltips zu jeder Option, die Sie nutzen können, um etwas über die Funktion zu erfahren. Sie können diese Tooltips einsehen, indem Sie den Mauszeiger auf die jeweilige Option bewegen:

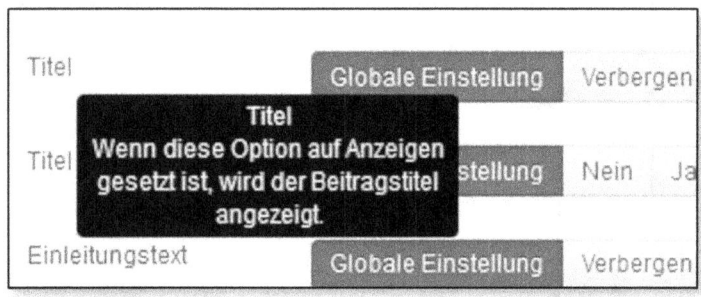

Abbildung 38: Tooltips erleichtern die Arbeit

Und letztendlich können Sie alles ausprobieren und sich die Änderungen im Frontend ansehen. Die allermeisten der Optionen werden Sie kaum brauchen, aber es macht Sinn, wenn Sie sich alles anschauen, um einen Eindruck von den Möglichkeiten zu bekommen.

Grundsätzlich gilt: Sie können an den verschiedensten Stellen auf diese Einstellungen zugreifen. Sie können diese in der hier gezeigten Ansicht global für alle Bereiche der Website anpassen, können es für jede Kategorie, für einzelne Menüpunkte und letztendlich für einzelne Beiträge dann individuell anpassen. Joomla zeichnet sich auch hier als extrem flexibles (aber dafür manchmal nicht ganz leicht zu durchschauendes) Tool aus.

7. Menüpunkte erstellen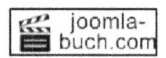

Zu Beginn dieses Abschnitts wieder einmal ein paar konzeptionelle Erklärungen. Extrem wichtig für das Verständnis der Arbeitsweise von Joomla ist Folgendes:

Eine neue Seite in einer Joomla-Webpräsenz entsteht in den allermeisten Fällen, indem der Webmaster einen neuen Menüpunkt anlegt!

Früher wurde der Code einfach von oben nach unten heruntergeschrieben. Bei Joomla ist das anders, das wissen Sie bereits. Joomla braucht für jede Seite von Ihnen zu allererst die Information, welche grundsätzliche Struktur die neue Seite haben soll. Und das verraten Sie Joomla, indem Sie einen neuen Menüpunkt anlegen, der zu der von Ihnen geplanten Seite führen soll, und dabei den Typ des Menüpunktes festlegen. Sehen Sie sich die Möglichkeiten an, indem Sie im Backend-Menü auf „Menüs >> Main Menu" klicken:

Abbildung 39: Listenansicht der Menüpunkte im Menü „Main Menu"

Klicken Sie nun auf den bereits bekannten Button „Neu", um einen neuen Menüpunkt im Menü „Main Menu" anzulegen:

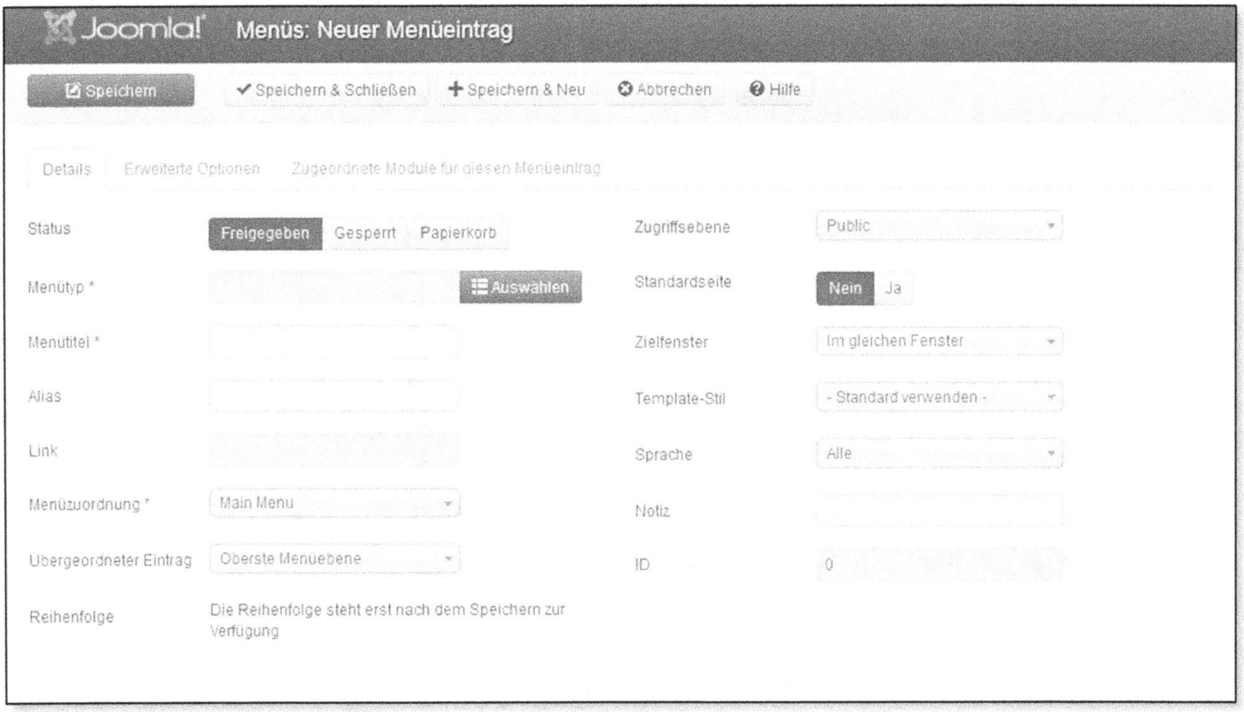

Abbildung 40: Legen Sie einen neuen Menüpunkt an.

An den mit einem (*) markierten Einträgen erkennen Sie, dass Sie zumindest den Titel des Menüpunktes, den Menütyp und die Menüzuordnung festlegen müssen. Auf Deutsch heißt das, dass Joomla wissen will:
- Wie soll der Menüpunkt im Frontend heißen?
- Zu welcher Art von Seite soll er führen?
- In welchem Menü soll er erscheinen?

Legen Sie also einen Titel fest und geben Sie für dieses Beispiel „Mein Menüpunkt" ein. Klicken Sie dann auf „Auswählen" für den „Menütyp" und es öffnet sich ein Popup-Fenster mit weiteren Wahlmöglichkeiten: „Kontakte", „Beiträge", „Suchindex"... Blättern Sie jetzt mal zurück auf Seite 14. Sie erkennen, dass alle diese Auswahlmöglichkeiten nahezu mit den dort aufgelisteten Komponenten von Joomla übereinstimmen! Und das ist sowohl logisch als auch gut konzipiert. Denn der Menüpunkt, den Sie gerade erstellen, soll ja später zu einer neuen Unterseite Ihrer Website führen. D.h. Sie möchten mit diesem Menüpunkt Inhalte für die Besucher anbieten. Diese Inhalte haben Sie vorher in einer der Joomla-Komponenten erstellt. Stimmt, denn in diesem Fall haben Sie vorhin Ihren ersten Artikel erstellt und das (ohne es zu merken) in der Joomla-Komponente „Beiträge" getan. Daher wählen Sie nun auch diesen Link im Popup-Fenster und gelangen zu einer etwas differenzierten Auswahl:

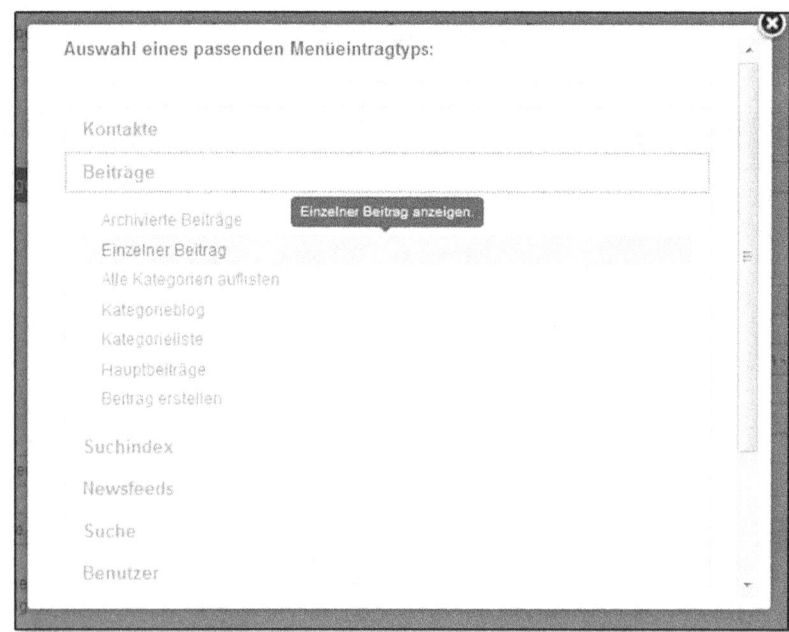

Abbildung 41: Wählen Sie den Typ des Menüpunktes aus

Sehen Sie sich diese Auswahl gut an. Es ist nur ein kleines Pop-up-Fenster, hat jedoch absolut zentrale Bedeutung für Ihre ganze Karriere als Joomla-Webmaster. Denn hier sehen Sie alle Seiten-Typen, die Sie mit der Joomla-Standardinstallation erstellen können! Und jede Komponente, die Sie später noch installieren, fügt hier ein paar Einträge dazu. So bringt eine Komponente zum Management von Terminen meist einen Menüpunkt-Typ „Kalender" zur Anzeige eines Monatskalenders o.Ä. mit.

Natürlich können Sie individuelle Seiten noch modifizieren, indem Sie Module platzieren usw., aber grundsätzlich wird die Struktur jeder Joomla-Seite durch den in diesem Fenster gewählten Typ vorgegeben.

Wählen Sie nun (später müssen Sie noch ein paar andere probieren) den Typ „Beiträge >> Einzelner Beitrag":

Abbildung 42: Machen Sie die erforderlichen Angaben für diesen Menütyp

Joomla hat die Detailansicht dieses Menüpunktes entsprechend Ihrer Wahl angepasst und links ein Pflicht-Feld eingefügt („Beitrag auswählen"), indem Sie nun auswählen, welcher Beitrag der glückliche sein soll, der über diesen Menüpunkt auf einer neuen Seite angezeigt wird. Wählen Sie den Artikel aus, den Sie zuvor erstellt haben. Dies machen Sie, indem Sie auf den Button „Auswählen" klicken und dann in der Liste aller Artikel, die dann erscheint, Ihren auswählen.

Wählen Sie nun noch das Menü aus, in dem der neue Menüpunkt erscheinen soll. Dies können Sie mit der Option „Menüzuordnung". Wählen Sie dort „Main Menu" aus, es gibt aktuell ja auch keine andere Möglichkeit.

Sie können nun auf „Speichern" klicken und sich das Ergebnis im Frontend ansehen.

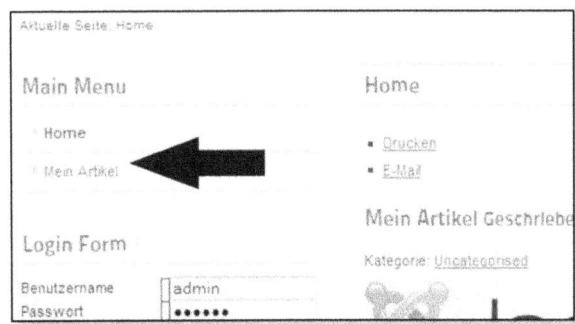

Abbildung 43: Ihr neuer Menüpunkt im Frontend

Hier noch ein paar Erläuterungen zu den anderen Optionen, die Sie für jeden Menüpunkt wählen können:

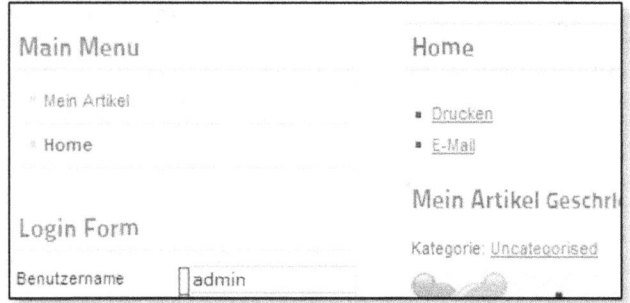

Abbildung 44: Der Menüpunkt "Mein Menüpunkt" steht nun an erster Stelle.

Wichtig dabei ist unter anderem ist der „Alias", der später in die URL der betreffenden Seite einfließt. Joomla generiert den Alias aus dem von Ihnen eingegebenen Menütitel, was in Ordnung ist. Möchten Sie besonders wichtige Wörter in der URL platzieren, dann gestalten Sie den Alias entsprechend. Mehr dazu im Kapitel „Suchmaschinen-Optimierung".

Beachten Sie weiterhin, dass Sie einen „Status" festlegen müssen. Nur wenn dort „Freigegeben" gewählt wird, ist der Menüpunkt tatsächlich aktiv und sichtbar. Und nehmen Sie die Option „Zugriffsebene" zur Kenntnis, darüber werden Sie im Kapitel über die Benutzerrechte noch mehr lernen. Sie regeln damit, welche Besucher den Menüpunkt sehen und damit die dahinter liegende Seite betreten können.

Da Menüs oft mehrere Stufen besitzen mit über- und untergeordneten Menüpunkten, können Sie mit der Option „Übergeordneter Eintrag" bestimmen, ob der neue Menüpunkt ein Menüpunkt auf der ersten Ebene sein soll, also zum Beispiel „Main Menu: Mein Menüpunkt" ohne übergeordneten Eintrag oder ob es sich um einen untergeordneten Menüpunkt handelt, z.B. „Main Menu: Home >> Mein Menüpunkt".

Neben der Ebene eines Menüpunktes können Sie aber auch die Reihenfolge der Menüpunkte im Frontend ändern. Bezogen auf Ihre Website bedeutet das: Aktuell steht der Menüpunkt „Mein Menüpunkt" noch unterhalb des Menüpunktes „Home". Es gibt verschiedene Arten, das zu ändern, aber die leichteste ist das einfache Hoch- und Runterschieben der Menüpunkte in der Listenansicht. Begeben Sie sich zurück in die Listenansicht der Menüpunkte des Menüs „Main Menu" und probieren Sie es aus: Bewegen Sie Ihren Mauszeiger auf das „!" am Anfang jeder Zeile der Listenansicht. Der Mauszeiger verwandelt sich dann in ein Kreuz mit 4 Pfeilen, das Ihnen anzeigt, dass Sie den Menüpunkt nun mit dem gedrückten Linken Mausknopf in der Reihenfolge per Drag and Drop rauf- und runterschieben können. Probieren Sie das aus und prüfen Sie die Änderungen im Frontend. Einfacher könnte es wirklich nicht sein!

Übung: Nachdem Sie nun gelernt haben, wie Sie einen neuen Menüpunkt erstellen und diesen in ein bestehendes Menü einordnen können, sollten Sie ein wenig mit den möglichen Menüpunkt-Typen herumprobieren. Begeben Sie sich also in die Detaileinstellungen Ihres vorhin erstellten Menüpunktes „Mein Menüpunkt" und klicken Sie erneut auf „Auswählen" des Menüpunkt-Typs. Wählen Sie aus der dann erscheinenden Liste irgendeinen anderen Eintrag aus. Je nachdem, was Sie gewählt haben, müssen Sie dann noch andere Einstellungen dazu festlegen. Wenn Sie beispielsweise „Beiträge >> Kategorie-Liste" gewählt haben, müssen Sie noch festlegen, welche Kategorie Sie darstellen wollen. Übrigens gibt es auch in der Liste der verfügbaren Menüpunkt-Typen jeweils für jeden Eintrag einen Tooltip, der Ihnen bereits viel helfen kann.

Sehen Sie sich jeweils die von Ihnen erstellte Seite im Frontend an.

7.1. Ein neues Menü erstellen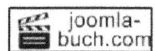

Ihre neue Joomla-Website hat bereits ein Menü, das Main Menu. Aber vielleicht wollen Sie ja auch noch ein weiteres Menü erstellen, das dann mit ein paar Menüpunkten an einer anderen Stelle der Website erscheint. So gehen Sie dann vor: Wenn Sie ein neues Menü erstellen wollen, dann klicken Sie im Backend-Menü auf „Menüs >> Menüs":

Abbildung 45: Die Listenansicht aller Menüs Ihrer Website

Sie erkennen, dass dort aktuell nur das Main Menu aufgeführt ist. Außerdem können Sie entnehmen, dass diesem Menü aktuell 2 Menüpunkte angehören. Um ein neues Menü zu erstellen, klicken Sie nun auf „Neu". Übrigens ist das jetzt bereits das dritte Mal, dass Sie diesen Button benutzen und so langsam werden Sie die Arbeitsweise von Joomla verstehen. Der nächste Bildschirm für das Anlegen des Menüs sieht ziemlich einfach aus, denn er fragt lediglich drei Dinge ab:

Abbildung 46: Erstellen Sie ein neues Menü.

Geben Sie bei Titel und Menütyp einfach „Mein Menü" ein. Übrigens hört sich die Angabe „Menütyp" kompliziert an und vermittelt, man müsse dort einen von verschiedenen verfügbaren Typen auswählen, das trifft jedoch nicht zu. Sie legen nur eine interne Bezeichnung fest, die aber ohne große Auswirkungen bleibt. Wenn Sie wollen, können Sie für Ihre Zwecke noch eine erklärende Beschreibung bei „Beschreibung" eintragen. Diese hilft Ihnen später, wenn Sie in einer großen Website unzählige Menüs angelegt haben und diese organisieren müssen. Klicken Sie nun auf „Speichern & Schließen". Sie kehren dann automatisch zurück zur Listenansicht der angelegten Menüs und sehen einen neuen Eintrag, das gerade erstellte Menü „Mein Menü". Weiterhin erkennen Sie, dass diesem Menü noch keine Menüpunkte zugewiesen sind.

Ordnen Sie nun den von Ihnen erstellten Menüpunkt „Mein Menüpunkt" diesem Menü zu. Das tun Sie, indem Sie erneut in die Detailansicht des Menüpunktes „Mein Menüpunkt" wechseln und dort unter „Menüzuordnung" den Eintrag „Mein Menü" wählen – den hat Joomla dort sofort zu den Auswahlmöglichkeiten hinzugefügt, nachdem Sie Ihr Menü gespeichert haben.

So. Und wo finden Sie Ihr neues Menü „Mein Menü" mit dem Menüpunkt „Mein Menüpunkt" nun im Frontend? Schauen Sie sich das Frontend an. Sie können es nirgendwo entdecken. Denn: Sie haben dem Menü noch keinen Platz im Frontend zugewiesen. Oder vielmehr umgekehrt: Sie haben noch kein Modul vom Typ „Menü" irgendwo platziert und diesem Modul „befohlen", das Menü „Mein Menü" anzuzeigen. Dies können Sie auch in der Listenansicht der Menüs sehen, die Sie unter „Menüs >> Menüs" finden:

Abbildung 47: Übersicht der Menüs

Betrachten Sie die Spalte „Zum Menü zugeordnete Module". Dort sehen Sie, welche Module im Frontend dieses Menü anzeigen. Denn ein neues Menü wird nicht einfach irgendwo angezeigt, sondern Sie müssen ein Modul vom Typ „Menü" platzieren, das diese Aufgabe übernimmt.

Beachten Sie: Die in dieser Spalte angezeigten Module heißen zwar alle anders, sind aber alle vom selben Typ, nämlich vom Typ „Menü". Denn nur diese Module können Menüs anzeigen.

Für Ihr „Mein Menü" ist noch kein Modul verlinkt, daher steht dort der Link „Ein Modul für diesen Menütyp hinzufügen".

Aber Joomla ist Ihnen gerne behilflich und bietet deshalb diesen Link an, um ein neues Modul vom Typ „Menü" zu erstellen und diesem einen Platz zuzuweisen. Übrigens sehen Sie im Screenshot oben für ihr Menü keinen freigegebenen Menüpunkt. Das sollte in Ihrem Backend anders sein, denn ich habe Sie zuvor darum gebeten, den Menüpunkt „Mein Menüpunkt" diesem Menü zuzuordnen. In Ihrem Backend müsste sowohl das Menü „Main Menu" als auch das Menu „Mein Menü" jeweils eine „1" in der Spalte „Freigegeben" haben. Das ist Ihr Menüpunkt „Mein Menüpunkt", den Sie zuvor Ihrem Menü zugewiesen haben. Klicken Sie jetzt auf „Ein Modul für diesen Menütyp hinzufügen":

Abbildung 48: Erstellen Sie das Menü-Modul

Sie müssen jetzt ein Modul für dieses Menü erstellen. Didaktisch ist das etwas schwierig, da Sie ja noch gar nicht mit Modulen vertraut sind. Daher nehme ich Sie jetzt mit in das nächste Kapitel über Module. Dort komme ich dann nach ein paar einleitenden Worten direkt wieder an diese Stelle zurück.

8. Module

Wie bereits zu Anfang dieses Buches gesagt, sind Module kleine Elemente, die Sie auf Ihrer Joomla-Seite platzieren können, um dort Funktionen zu realisieren. Nachdem Sie bereits gelernt haben, wie Sie durch das Erstellen eines Menüpunktes eine neue Joomla-Seite anlegen, lernen Sie nun, wie Sie auf einer solchen Seite ein Modul platzieren.

Sehen Sie sich zunächst die Übersichtsliste der Module unter „Erweiterungen >> Module" an:

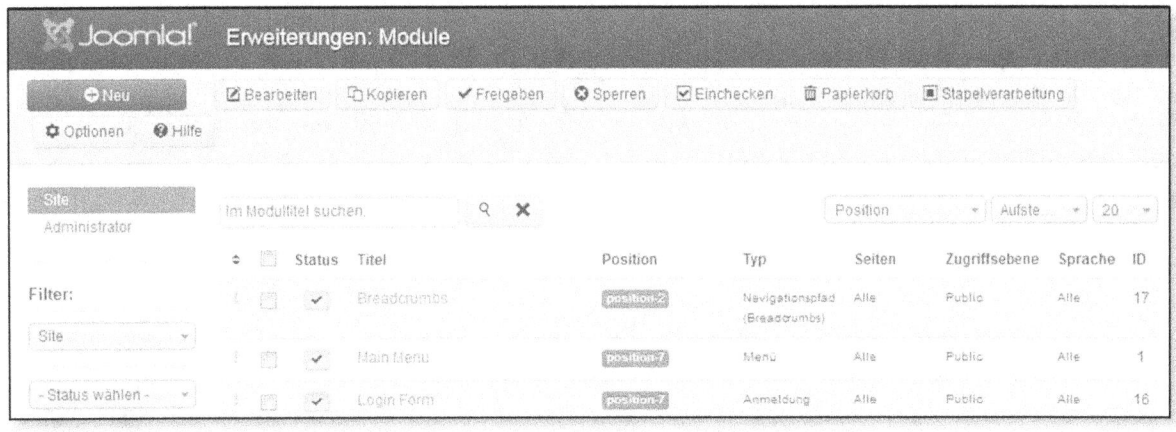

Abbildung 49: Die Übersicht über alle angelegten Module

In dieser Ansicht kommt Ihnen mittlerweile sicherlich vieles bekannt vor: Die meisten Buttons der Funktionsleiste kennen Sie bereits und auch die Filter-Zeile oberhalb der Modul-Liste ist

Ihnen mittlerweile vertraut. Wie bereits beschrieben, gibt es aktuell 3 aktive Module. Diese haben natürlich einen Namen (= „Titel"), eine Position an der Sie auf der Webseite erscheinen sollen (dazu später mehr) und einen Typ, der beschreibt, was dieses Modul tut. Da ich Sie im letzten Kapitel so unsanft aus der Anlage eines Menü-Moduls zur Anzeige eines Menüs gerissen habe, kehren wir jetzt dahin zurück: Klicken Sie auf „Neu" in der Übersichtsliste der Module:

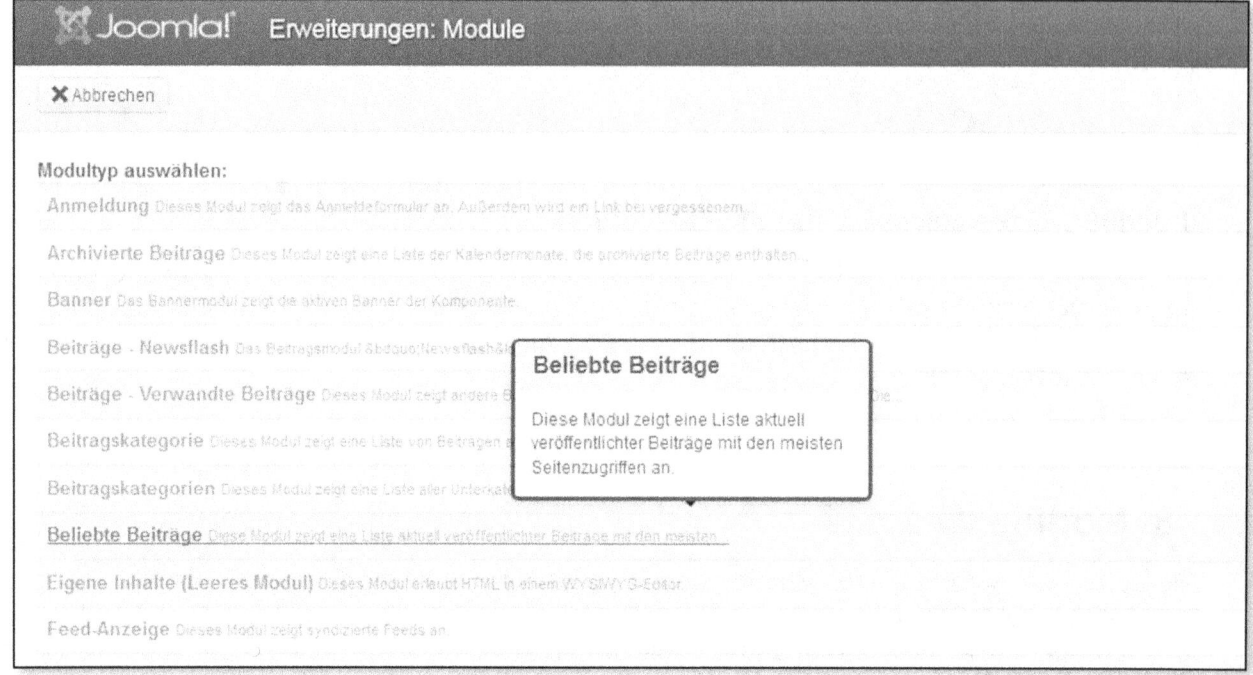

Abbildung 50: Die verfügbaren Modultypen

Ähnlich wie bei der Auswahl der Typen für einen neuen Menüpunkt sehen Sie auch jetzt eine Auswahl von verschiedenen Modul-Typen. Wie Sie erkennen können, gibt es auch hier hilfreiche Tooltips. Bewegen Sie Ihren Mauszeiger über die verschiedenen Einträge, um einen Eindruck von den Möglichkeiten zu bekommen. Wählen Sie dann den Typ „Menü" aus, indem Sie ihn anklicken. Sie gelangen dann wieder zur Detailübersicht, die ich Ihnen bereits am Ende des letzten Kapitels gezeigt habe:

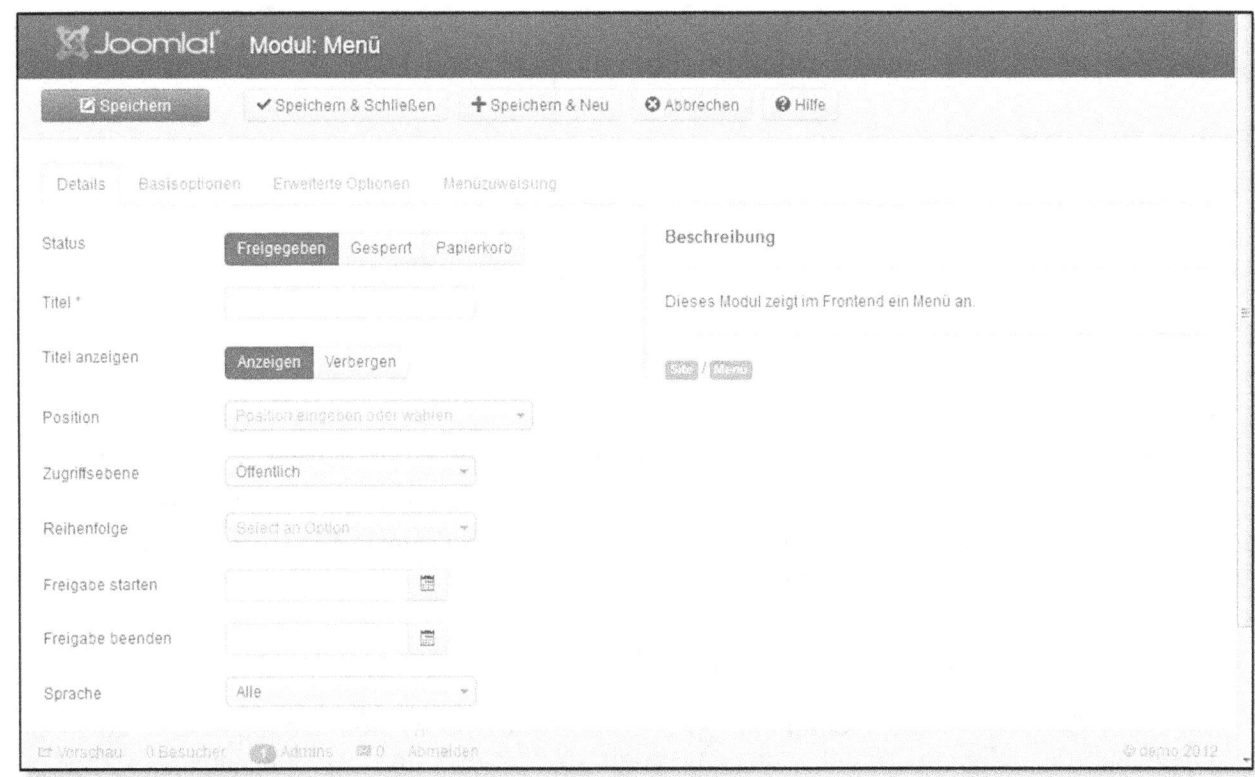

Abbildung 51: Detailansicht des Menü-Moduls

Als erstes müssen Sie den Titel des Moduls angeben (geben Sie „Mein Menü" ein). Dann müssen Sie noch zwei weitere, wichtige Eigenschaften festlegen, die Joomla benötigt, um dieses Modul später auf Ihrer Website anzuzeigen:

- Welches Menü soll angezeigt werden (= „Menü auswählen" im Reiter „Basisoptionen")
- Wo soll das Modul später erscheinen (= „Position")

Wählen Sie dafür zunächst den Reiter „Basisoptionen" und wählen dann unter „Menü auswählen" das Menü aus, welches das Modul im Frontend anzeigen soll. Wählen Sie das von Ihnen zuvor erstellte „Mein Menü" aus. Als zweite notwendige Angabe müssen Sie Joomla noch mitteilen, an welcher Stelle (rechts, links, oben, unten) im Frontend es das Modul zeigen soll. Mehr dazu lesen Sie im Kapitel über die Templates, aber dazu an dieser Stelle soviel: Jedes Template (das das Aussehen Ihrer Website bestimmt,) hat verschiedene Positionen, an denen Sie Module platzieren können (z.B. oben rechts, mittig, links, unten usw.). Diese Positionen haben variable Namen, die der Entwickler des Templates festlegt hat. Sie müssen in den Detailangaben des Moduls unter „Position" den Namen einer solchen Position eingeben, um das Modul dort im Frontend anzeigen zu lassen.

Wie gesagt – ich komme darauf später zurück, tragen Sie für den Augenblick in das Feld „Position" die Bezeichnung „position-7" ein. Klicken Sie auf „Speichern" und sehen Sie sich das Ergebnis im Frontend an:

Abbildung 52: Ihr neues Menü im Frontend

Sie erkennen das Menü mit dem Menüpunkt links neben Ihrem Artikel. „position-7" ist bei diesem Template (offensichtlich) die Position links neben dem Kerninhalt der Seite.

Es ist also ganz einfach: Module setzen Sie dazu ein, bestimmte Funktionen mit wenigen Klicks auf Ihrer Website zu realisieren.

Das Modul „Beliebte Beiträge"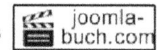

Erstellen Sie als weitere Übung nun ein neues, anderes Modul. Gehen Sie dazu in die Übersicht der Module zurück, klicken erneut auf „Neu" und wählen diesmal „Beliebte Beiträge":

Abbildung 53: Die Detailansicht des Moduls „Beliebte Beiträge"

Geben Sie den Titel „Beliebte Artikel" an, geben die gleiche Position (position-7) ein und sehen sich dann den Reiter „Basisoptionen" an. Dort müssen Sie wählen, ob die beliebtesten Artikel aus der Gesamtheit aller Artikel oder nur aus einzelnen Kategorien stammen sollen:

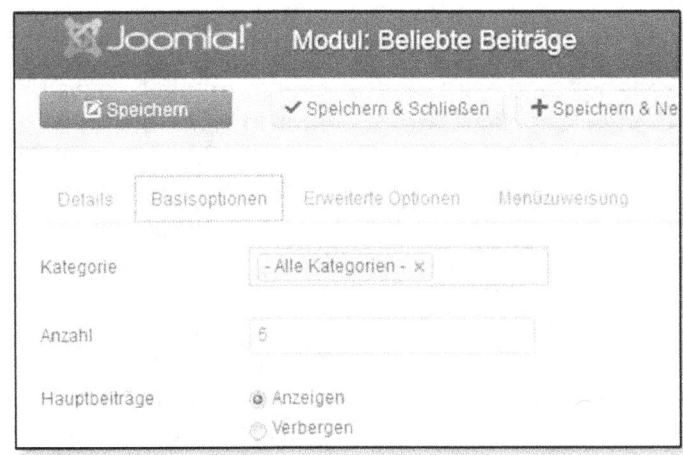

Klicken Sie zuerst auf das „x" bei „Alle Kategorien", um diesen Eintrag zu löschen und klicken Sie dann in das leere Feld. Dann erscheint eine Drop-Down-Liste mit allen angelegten Artikel-Kategorien. Da in Ihrer Joomla-Installation aktuell nur die Kategorie „Uncategorised" besteht, wird auch nur diese angezeigt. Wählen Sie sie aus. Klicken Sie dann auf „Speichern & Schliessen" und schauen Sie dann ins Frontend:

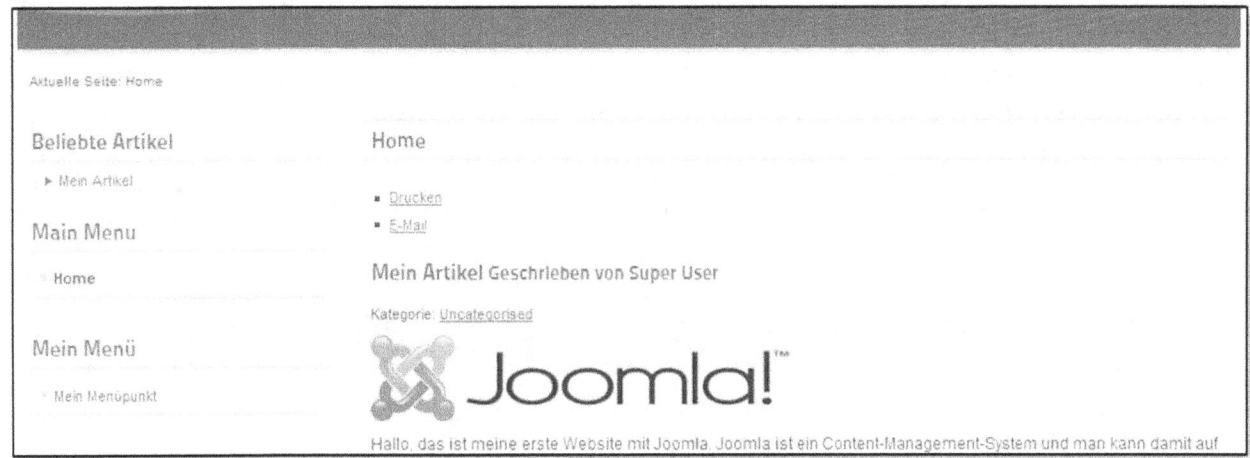

Abbildung 54: Ihr neues Modul „Beliebte Artikel" am linken Rand

Natürlich zeigt das Modul jetzt nur den einen von Ihnen bereits angelegten Beitrag an – es gibt ja schließlich aktuell keine weiteren. Aber wenn Sie irgendwann eine Website mit ein paar dutzend oder hundert Artikeln angelegt haben, können Sie dieses Modul nutzen, um Besuchern die beliebtesten Beiträge anzubieten. So einfach kann Joomla sein. Joomla wählt mit diesem Modul immer die Beiträge aus, die am meisten angeklickt wurden und zeigt die Titel dieser Beiträge in dem Modul. Bei Interesse können Besucher über diese Links dann die betreffenden Artikel lesen.

Das Modul „Eigene Inhalte"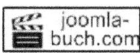

Wie man Module erstellt, wissen Sie bereits. Aber da dieses Modul „Eigene Inhalte" so wichtig ist, möchte ich es Ihnen demonstrieren. Gehen Sie dazu wie gewohnt in die Übersicht der Module und legen Sie ein neues Modul mit einem Klick auf den Button „neu" an. Wählen Sie unter den Modultypen dann das Modul „Eigene Inhalte (Leeres Modul)". Legen Sie wie gehabt einen Titel für das Modul fest, z.B. „Eigene Inhalte" und eine Position. Der Einfachheit halber nehmen wir auch hier position-7. Klicken Sie dann auf den Reiter „Benutzerdefinierte Ausgabe". Das kommt Ihnen dann sehr bekannt vor, denn Sie sehen den Editor vor sich, den Sie auch schon benutzt haben, um Ihren ersten Artikel zu schreiben. Sie können diesen jetzt nutzen, um beliebige Inhalte mit diesem Modul im Frontend zu veröffentlichen. Schreiben Sie in das Editorfenster irgendetwas Beliebiges rein, speichern Sie ab und schauen sich das Ganze im Frontend an. Tatsächlich erscheint Ihr Text in einer Reihe mit den anderen Modulen in Position-7. Merken Sie sich dieses Modul gut, denn es ist nahezu unbegrenzt flexibel, denn Sie können damit auf Ihrer Website anzeigen, was Sie wollen. Über den „Bild"-Button im Editor können Sie z.B. auch Bilder oder Grafiken von Buttons anzeigen und vieles mehr.

Modul zuweisen zu einzelnen Seiten

Nachdem Sie nun schon einige Module angelegt, haben, geht es um eine weitere wichtige Eigenschaft der Module: Der Menüzuweisung.

Es wird nur wenige Module geben, die Sie wirklich auf allen Seiten Ihrer Webpräsenz zeigen möchten. Allein die wichtigen Menüs sollten Sie überall anzeigen, alles andere können Sie nur auf solchen Seiten anzeigen, wo es thematisch einen Sinn macht. Das realisieren Sie, indem Sie jedem Modul mitteilen, auf welchen Seiten es erscheinen soll und auf welchen nicht. Klicken Sie dazu noch einmal in die Detailansicht des Moduls „Beliebte Artikel" und klicken auf den Reiter „Menüzuweisung":

Abbildung 55: Bestimmen Sie, auf welchen Seiten das Modul erscheinen soll

Wie Sie wissen, gehört zu jeder Seite in Joomla ein Menüpunkt, über den diese Seite angelegt wurde und über den sie erreichbar ist. Daher ordnen Sie auch die Module den einzelnen Menüpunkten zu und bestimmen so, auf welchen Seiten diese Module zu sehen sein sollen. Standardmäßig gilt hier die Einstellung „Auf allen Seiten", dann erscheint das Modul tatsächlich auf jeder Seite Ihrer Webpräsenz. Wenn Sie das einschränken möchten, dann wählen Sie in der Option „Modulzuweisung" einen anderen Eintrag. Folgende Optionen in der Drop-Down-Liste haben Sie:

- Auf allen Seiten
- Keine Seiten
- Nur auf der ausgewählten Seite
- Auf allen Seiten mit Ausnahme der gewählten

Am einfachsten ist es, wenn Sie den Punkt „Nur auf der ausgewählten Seite" einstellen. Jetzt müssen Sie nur noch festlegen, welche Seiten „ausgewählt" sein sollen und das tun Sie über die Einträge im Feld „Menüauswahl". Dort stehen standardmäßig alle vorhandenen Menü-Punkte Ihrer Joomla-Website zur Auswahl und die Punkte, bei denen das Menü nicht erscheinen soll, klicken Sie einfach weg, indem Sie auf das „x" neben dem betreffenden Eintrag klicken. Probieren Sie es aus. Und wenn Sie einmal ausversehen einen Eintrag weggeklickt haben, der eigentlich stehen bleiben soll, dann können Sie mit einem Klick in den rechten, weißen Bereich des Feldes eine Drop-Down-Liste öffnen, die alle Menüs und Menüpunkte Ihrer Joomla-Website enthält. Dort können Sie dann den fälschlich gelöschten Eintrag wieder auswählen.
So können Sie für jedes einzelne Modul individuell festlegen, auf welchen Seiten es erscheinen soll und auf welchen nicht!
Gehen Sie jetzt wieder in die Detaileinstellung des Moduls zurück und setzen die Einstellung der Menüzuweisung wieder auf „Auf allen Seiten", damit Sie die nachfolgenden Schritte problemlos durchführen können.

Wichtige Module

Hinweis: Aus Platzgründen kann ich leider nicht alle Module einzeln erläutern, die Sie in der Joomla-Standardinstallation finden. Weitere Infos zu den Modulen finden Sie aber auf http://www.joomla-lernen.de. Einige wichtige möchte ich dennoch kurz ansprechen:

Modul: Anmeldung

Mit diesem Modul (das Sie bereits kennengelernt haben) stellen Sie ein Login-Feld auf Ihrer Website dar, damit sich Nutzer als registrierte Nutzer Ihrer Website anmelden und Zugang zu möglicherweise für nicht-angemeldete Nutzer verborgenen Inhalten bekommen können. Sie finden das Modul im Frontend der Website.
Sehen Sie sich die Optionen des Moduls genauer an, indem Sie das Modul in der Modulübersicht im Backend (unter „Erweiterungen >> Module") suchen.
Die Basisoptionen sollten Sie sich kurz ansehen. Sie können beispielsweise einen erklärenden Text zum Anmeldeformular hinzufügen mittels der Textboxen „Text davor" oder „Text danach". Probieren Sie das aus, indem Sie in die Box „Text davor" eintragen: „Liebe/r Nutzer/in, bitte loggen Sie sich ein, um in den Mitgliederbereich der Website zu gelangen". Kontrollieren Sie den Effekt im Frontend.

Außerdem haben Sie die Möglichkeit, Nutzer nach einer Anmeldung („Login") oder nach der Abmeldung („Logout") auf eine bestimmte Seite weiterzuleiten. Das macht zum Beispiel Sinn, wenn Sie einen speziellen Mitgliederbereich haben und die Mitglieder dort direkt nach der Anmeldung hin umleiten wollen. Denken Sie zum Beispiel an Ihren E-Banking-Account: Sie loggen sich dabei auf der Startseite Ihrer Bank/Sparkasse ein und werden dann sofort zu einer Detailansicht oder einer Art „Zentrale" Ihres Accounts weitergeleitet (zumindest ist es in den meisten Fällen so). Ebenso kann es sinnvoll sein, die Nutzer nach dem Abmelden durch einen Klick auf den „Logout"-Button (der im Anmelde-Modul erscheint, sobald ein Nutzer sich eingeloggt hat) auf eine bestimmte Seite umzuleiten, die z.B. einen „Schön, dass Sie bei uns waren, kommen Sie bald wieder"-Artikel zeigt.

Mit den anderen Einstellungsmöglichkeiten der Basiseinstellungen können Sie herumprobieren, beachten Sie allerdings, dass die Funktion „Anmeldeformular verschlüsseln" nur dann funktioniert, wenn Sie über ein SSL-Zertifikat verfügen. Dieses garantiert höhere Sicherheit, muss aber meistens käuflich erworben werden. Fragen Sie beim Anbieter Ihres Webspace/Servers nach.

Modul: Navigationspfad (Breadcrumbs)

Dieses Modul ist nahezu selbsterklärend und hat auch nicht viele Eigenschaften, aber es ist außerordentlich nützlich für die Besucher Ihrer Website, denn es zeigt an, wo sich der Nutzer gerade auf Ihrer Website befindet – das erleichtert die Orientierung enorm! Diese Module befinden sich zur besseren Sichtbarkeit dann auch immer im oberen Teil der Website. Werfen Sie einen Blick auf das Frontend Ihrer Website: Sie finden den Navigationspfad direkt unter dem farbigen Banner. Auf der Startseite steht dort „Aktuelle Seite: Home". Dieses Modul sollte auf keiner Website fehlen.

Zusammenfassung: Anlegen und Veröffentlichen eines neuen Menüs

Da dieser Vorgang wichtig ist für Ihre zukünftige Arbeit als Joomla-Webmaster und ich diesen Prozess durch den Übergang vom Kapitel „Menü" in das Kapitel „Module" nicht komplett in „einem Guss" darstellen konnte, sehen Sie hier den Handlungsablauf noch einmal schematisch dargestellt:

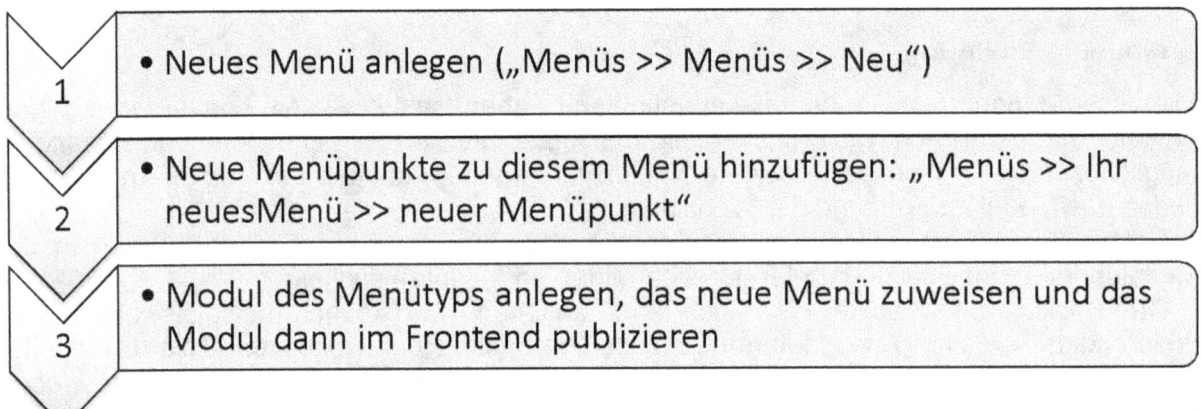

Abbildung 56: Schema zur Anlage eines neuen Menüs im Frontend

9. Plug-ins

Wie bereits beschrieben, sind Plug-ins zusätzliche Programmfeatures oder Optionen, die Sie aktivieren oder deaktivieren können. Wenn Sie möchten, können Sie diesen Abschnitt aber auch überblättern, denn Sie werden nur in sehr seltenen Fällen etwas an den Plug-ins der Joomla-Core-Installation ändern müssen. Etwas öfter kann es vorkommen, dass 3rd-Party-Komponenten eigene Plug-ins mitbringen, die Sie nach der Installation extra aktivieren müssen. Sehen Sie sich die Übersichtsliste der installierten Plug-ins unter „Erweiterungen >> Plug-ins" an:

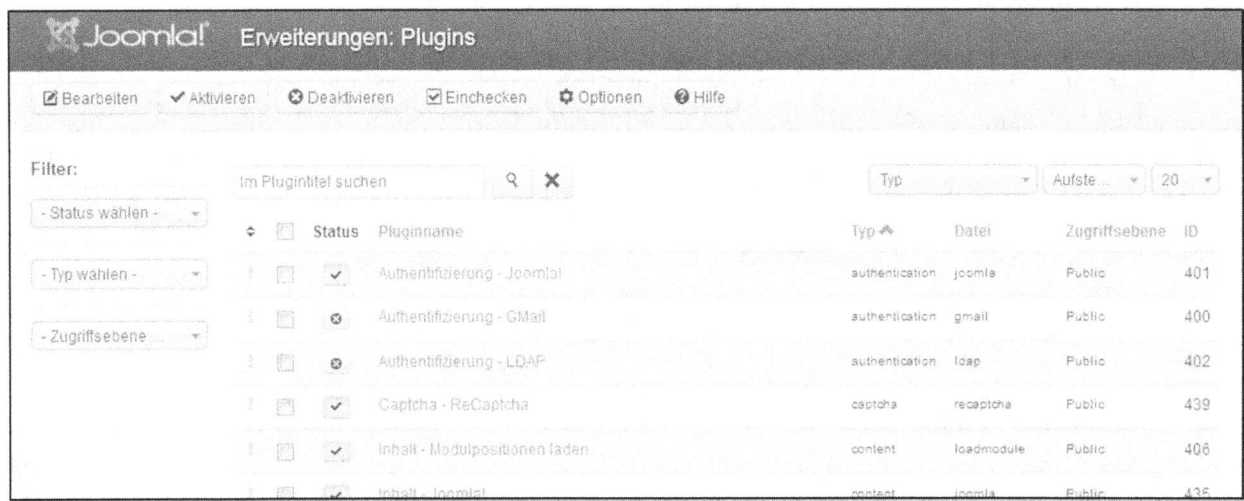

Abbildung 57: Alle installierten Plug-ins

Klicken Sie einzelne Plug-ins an, um nähere Informationen über die spezifische Funktion zu bekommen. Grundsätzlich: Lassen Sie eher die Finger von den Plug-ins, denn Sie können teilweise sehr wichtige Funktionen damit abschalten. Wenn Sie zum Beispiel das Plug-in „Authentifizierung – Joomla!" deaktivieren, können sich Nutzer nicht mehr auf Ihrer Website einloggen!

Zu Übungszwecken suchen Sie dennoch nach einem Plug-in mit dem Namen „Schaltfläche Bild". Wenn Sie dieses deaktivieren, dann finden Sie den Button „Bild" unterhalb des bekannten Texteditors z.B. bei der Eingabe eines Artikels nicht mehr (klicken Sie in die Detail-Seite eines Artikels, um sich das anzusehen). Dieser wird also über ein kleines Plug-in eingefügt. Aktivieren Sie das Plug-in anschließend wieder.

10. Die Verwaltung der Benutzerrechte

Seit Joomla 1.6 wurde die Verwaltung der Benutzerrechte immer weiter ausgebaut und inzwischen ist ein wirklich gut nutzbares System herausgekommen, mit dem Sie sehr genau steuern können, wer auf Ihrer Webpräsenz welche Rechte hat.

Zum grundlegenden Verständnis muss man die „Rechte" in zwei Bereiche aufsplitten:

1. Das Recht, etwas anzusehen (immer im Frontend)
2. Das Recht, etwas zu verändern (allermeist im Backend)

Für nahezu alle Elemente in Joomla können Sie diese beiden Eigenschaften vergeben. Und diese Unterteilung macht sehr viel Sinn, denn Rechte, die sich allein auf das Ansehen von Dingen beziehen, werden viele Nutzer betreffen, die mehr oder weniger passiv auf Ihrer Website umhersurfen und allenfalls durch eine einfache Mitgliedschaft Zugang zu sonst unsichtbaren Inhalten bekommen können (z.B. bestimmte Artikel ansehen zu können oder bestimmte Dateien herunterladen zu können). Und andererseits: Rechte, irgendetwas an Ihrer Webpräsenz zu verändern, braucht im Allgemeinen nicht der Otto-Normal-Surfer, sondern lediglich der Nutzer, der in irgend einer weitergehenden Weise an Ihrer Website interessiert ist und zum Inhalt Ihrer Webpräsenz beitragen soll und möchte. Das wird die absolute Minderheit der Nutzer sein. Und diese Nutzer werden dann in Abhängigkeit ihrer Rechte möglicherweise auch Backend-Zugriff erhalten. Und das sollten Sie tatsächlich nur solchen Mitgliedern gestatten, denen Sie vertrauen. Beide Rechte erläutere ich in den folgenden Abschnitten:

Das Recht, etwas anzusehen

Das Recht, etwas zu betrachten, wird in Joomla durch die „Zugriffsebenen" geregelt. Um festzulegen, wer ein Objekt ansehen darf, müssen Sie zwei Dinge tun:

1. Sie müssen dem Objekt (z.B. einem Artikel) eine Zugriffsebene zuweisen. Dabei wird jedem Objekt immer nur EINE Zugriffsebene zugeordnet.
2. Sie müssen jedem Nutzer die Zugriffsebenen zuweisen, die er sehen darf. Nutzern können dabei mehrere Zugriffsebenen zugeordnet werden, in die sie Einsicht haben.

Beispiele:

Nutzer A	Ebenen 1,2,3
Nutzer B	Ebene 1
Nutzer C	Ebene 2
Nutzer D	Ebene 1 und 3

Artikel A	Ebene 1
Artikel B	Ebene 3
Artikel C	Ebene 2
Artikel D	Ebene 4

Erklärung zu den Beispieltabellen: In der linken Tabelle ist angegeben, welcher Nutzer welche Zugriffsebenen im Frontend einsehen darf. In der rechten Tabelle steht, welcher Artikel zu welcher Zugriffsebene gehört. Daraus ergibt sich: Nutzer A darf die Artikel A, B und C sehen,

Nutzer B nur Artikel A und Nutzer C nur Artikel C. Artikel D ist hingegen für niemanden sichtbar, da keiner der Nutzer A-D das Recht hat, Objekte der Zugriffsebene 4 einzusehen.

Welche Zugriffsebenen es gibt, finden Sie im Backend-Menü unter „Benutzer >> Zugriffsebenen":

Abbildung 58: Die Zugriffsebenen von Joomla 3.0

Wenn Sie sich erinnern: Bei der Anlage Ihres ersten Artikels gab es auch die Option, eine Zugriffsebene festzulegen. Und wie gesagt müssen Sie diese Eigenschaft für alle Elemente festlegen, die im Frontend erscheinen. Standardmäßig wird dabei „Öffentlich" ausgewählt, d.h. alle Nutzer, die Ihre Website ansehen, können auch das betreffende Element sehen.

Übung: Gehen Sie in die Detailansicht des Moduls „Beliebte Einträge" und suchen Sie dort die Option „Zugriffsebene":

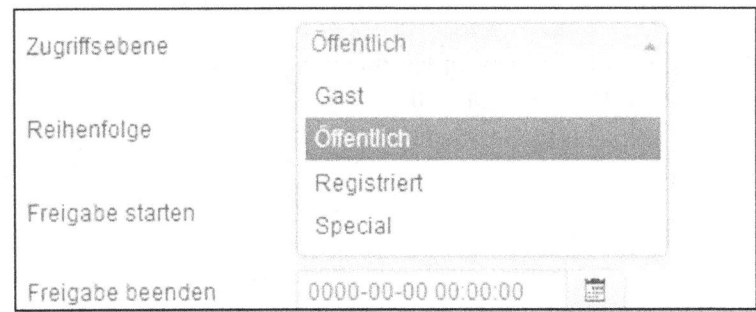

Abbildung 59: Legen Sie die Zugriffsebene für jedes Objekt einzeln fest

Setzen Sie diese Option z.B. auf „Registriert", speichern Sie und sehen Sie sich das Frontend an. Das Modul ist nicht mehr auf der Startseite zu sehen! Klicken Sie herum, aber Sie werden feststellen, dass es auch auf keiner anderen Seite mehr zu sehen ist. Das liegt daran, dass Sie gerade als nicht-eingeloggter „Otto-Normalsurfer" unterwegs sind. Ändern Sie das, indem Sie sich im Frontend anmelden. Dies geschieht durch die Eingabe Ihres Benutzernamens und des Passwortes im Frontend links unten im Modul „Login Form". Verwenden Sie dort Ihre Zugangsdaten für das Backend. Die Zugangsdaten für Frontend und Backend sind bei jedem Nutzer die gleichen. Mit Ihren Daten können Sie sich in beide Bereiche einloggen, andere

Nutzer mit weniger Berechtigungen können sich zwar ins Frontend einloggen, während das Einloggen in das Backend diesen Nutzern nicht gestattet ist.

Sobald Sie sich im Frontend eingeloggt haben, sehen Sie auch wieder das gesuchte Modul „Beliebte Beiträge", denn Sie als Super-Administrator haben natürlich Zugriff zu allen Zugriffsebenen und können daher alle Objekte einsehen. Aber natürlich müssen Sie sich auch dafür im Frontend einloggen, denn ohne Ihre Verifizierung kann Joomla nicht ahnen, ob Sie nur ein anonymer Besucher oder ein Administrator sind.

Setzen Sie nun die Einstellungen des Moduls wieder auf „Öffentlich".

P.S.: Vielleicht ist Ihnen aufgefallen, dass neben jedem Artikel ein kleines Notizblock-Symbol erscheint, wenn Sie die Website als eingeloggter Administrator betrachten. Wenn Sie auf ein solches Symbol klicken, öffnet sich ein Editor-Fenster zur Bearbeitung des jeweiligen Artikels. Es gibt also grundsätzlich auch die Möglichkeit, Elemente in Joomla über das Frontend zu bearbeiten – sofern Sie über die entsprechenden Rechte verfügen.

Nachdem Sie nun die Zugriffsebenen kennengelernt haben, bleibt die Frage, wie Joomla diese mit den Nutzern in Verbindung bringt. Wie teilen wir Joomla mit, welche Nutzer auf welche Zugriffsebenen tatsächlich Zugriff haben?

Zuerst einmal scheint es am einfachsten, wenn Sie bei jedem Nutzer einfach für jede einzelne Zugriffsebene festlegen, ob er darauf Zugriff hat oder nicht. So wie ich es Ihnen in der obigen Beispiel-Tabelle illustriert habe. Allerdings wäre das auf Dauer sehr mühsam und wenn Sie irgendwann etwas daran ändern wollten, müssten Sie das für jeden Nutzer einzeln ändern. Daher wurde in Joomla ein Element zwischen die Nutzer und die Zugriffsebenen geschaltet: die Benutzergruppen!

Denn so wie Content-Elemente alle einer bestimmten Zugriffsebene zugeordnet sind, sind Nutzer einer oder mehrerer Benutzergruppen zugeordnet. Um die bestehenden Benutzergruppen zu betrachten, klicken Sie auf „Benutzer >> Benutzergruppen" (Abbildung 60).

Sie erkennen eine „Baumstruktur" von Benutzergruppen; Es gibt zum Beispiel den Ast aus „Öffentlich >> Gast/Manager >> Administrator" oder „Öffentlich >> Registriert >> Autor >> Editor >> Publisher". Diese Baumstruktur hat folgende Bewandtnis: Jede Benutzergruppe hat alle Rechte der jeweils übergeordneten Gruppe und ggf. zusätzlich weitere Kompetenzen. D.h. im Klartext: Die Gruppe „Autor" hat mehr Rechte als die Gruppe „Registriert" und die Gruppe „Editor" wiederum hat alle Rechte der Gruppe „Autor" und darüber hinaus noch ein paar mehr. Diese Struktur ist sehr sinnvoll, um jedem Benutzer eine Zuordnung geben zu können, die ihn zum einen mit den nötigen Rechten ausstattet, andererseits aber auch klar gegenüber anderen Nutzern abgrenzt. Wie sieht das praktisch aus?

Abbildung 60: Die vorhandenen Benutzergruppen Ihrer Joomla-Installation

Kehren Sie zur Übersicht der Zugriffsebenen zurück und klicken Sie auf die Zugriffsebene „Öffentlich" (Abbildung 61).

Sie erkennen, dass die Benutzergruppe „Öffentlich" auf diese Ebene Zugriff hat und Elemente dieser Ebene sehen darf. Benutzer der Gruppe „Öffentlich" sind die anonymen, nicht eingeloggten Gäste, die auf Ihrer Website herumsurfen. Wenn Sie sich die Baumstruktur der Benutzergruppen ansehen, dann erkennen Sie, dass alle anderen Gruppen Untergruppen der Benutzergruppe „Öffentlich" sind. Nach dem eben Gesagten bedeutet das, dass alle anderen Gruppen auch Zugriff auf die Zugriffsebene „Öffentlich" haben, denn die Rechte der übergeordneten Gruppe wird ja jeweils an die untergeordneten Gruppen weitergegeben. Klar?

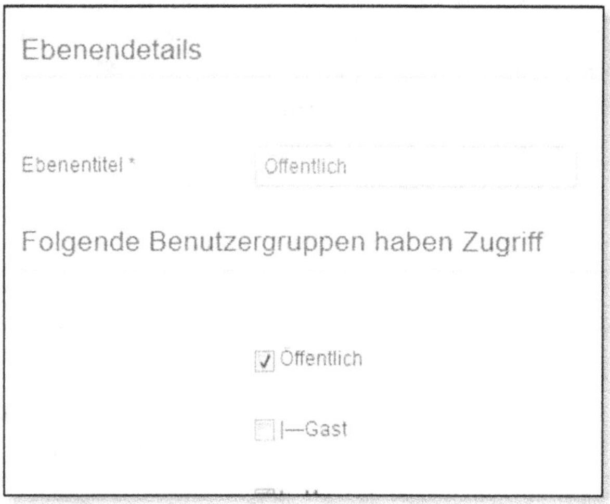

Etwas komplizierter wird es, wenn Sie das Fenster schließen und auf die Zugriffsebene „Registriert" klicken: Sie erkennen, dass die Nutzergruppe „Öffentlich" hier keinen Zugriff mehr hat und damit Objekte der Zugriffsebene „Registriert" im Frontend nicht einsehen kann. Damit alle anderen Gruppen aber einen Zugriff haben, müssen Sie verschiedene Haken setzen: Der Haken bei „Manager" berechtigt die Gruppen „Manager" und „Administrator". Der Haken bei „Registriert" berechtigt alle nachfolgenden („Autor", „Editor", „Publisher") und der Haken bei „Super Benutzer"

Abbildung 61: Die Berechtigungen auf die Zugriffsebene „Öffentlich"

berechtigt Sie selbst bzw. die Nutzergruppe „Super Benutzer".

Praktische Anwendung: einen Mitgliederbereich einrichten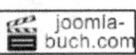

Viele Websites verfügen über einen eigenen Mitgliederbereich, den man erst dann betreten kann, wenn man sich bei der Website angemeldet bzw. einen Benutzeraccount angelegt hat. Wenn Sie einen solchen Mitgliederbereich einrichten wollen, dann brauchen Sie dazu nur wie eben dargestellt die Zugriffsebene „Registriert" zu benutzen. Denn jeder neue Nutzer, der sich registriert, hat Zugriff auf diese Zugriffsebene und kann damit die Objekte dieser Zugriffsebene einsehen, während nicht-registrierte Nutzer diese nicht sehen können. Das ergibt sich bei Joomla aus den folgenden Gegebenheiten (schauen Sie die Punkte bitte einzeln nach!):

- Unter „Benutzer >> Zugriffsebenen >> Registriert" erkennen Sie, dass Benutzer der Gruppe „Registriert" Zugriff auf die Zugriffsebene „Registriert" haben. Benutzer der Gruppe „Öffentlich" dagegen nicht.

- Unter „Benutzer >> Optionen" (Button in der Zugriffsleiste) sehen Sie eine Option „Gruppe für neue Benutzer", die auf „Registriert" eingestellt ist. Dadurch gehören neue Benutzer dieser Zugriffsebene an und haben nach dem oben Gesagten das Recht, die Objekte der Zugriffsebene „Registriert" zu sehen.

In der Praxis verfahren Sie dann wie bei dem von Ihnen durchgeführten Beispiel mit dem Modul „Beliebte Artikel", dessen Zugriffsebene Sie auf „Registriert" geändert hatten. Für einen „richtigen" Mitgliederbereich setzen Sie aber nicht einzelne Module auf die Zugriffsebene „Registriert", sondern tun das viel eher mit Menüpunkten. Diese sind dann auch nur für eingeloggte Nutzer sichtbar und können ihnen als Weg zum Mitgliederbereich dienen. Klar? Wenn Sie wollen, begeben Sie sich in die Detailansicht Ihres Menüpunktes „Mein Menüpunkt" und setzen für diesen die Zugriffsebene auf „Registriert". Wenn Sie sich dann das Frontend ansehen, wird dieser Menüpunkt nicht mehr angezeigt (achten Sie darauf, dass Sie nicht noch als „Super Benutzer" eingeloggt sind, denn dann sehen Sie den Menüpunkt natürlich trotzdem). Wenn Sie sich nun mit Ihren Zugangsdaten im Frontend einloggen, sehen Sie den Menüpunkt und können die entsprechende Seite betreten. So einfach können Sie Mitgliederbereiche für registrierte Nutzer mit Joomla realisieren. Die Informationen aus dem nächsten Kapitel „Das Recht, etwas zu verändern", brauchen Sie dazu eigentlich nicht, da registrierte Mitglieder einer Website normalerweise lediglich Zugriff auf besondere Inhalte haben sollen und nicht in die Seiten-Administration eingreifen oder umfangreiche Inhalte erstellen sollen.

Übrigens: Wenn Sie einen Mitgliederbereich einrichten wollen, dann setzen Sie die Menüpunkt-Typen „Benutzer >> Benutzerprofil" und „Benutzer >> Benutzerprofil bearbeiten" ein, damit Nutzer ihre eigenen Daten auch einsehen und bearbeiten (z.B. ein neues Passwort festsetzen) können.

Das Recht, etwas zu verändern

Nachdem Sie nun gelernt haben, wie Sie regeln können, wer was auf Ihrer Website sehen darf, müssen Sie nun auch noch wissen, wie die Zuweisung der Bearbeitungsrechte funktioniert.

Für jede Nutzergruppe müssen Sie dafür festlegen, was sie tun und lassen darf. Klicken Sie dazu im Backend-Menü im Kontrollzentrum rechts unten auf „System >> Konfiguration" und dann auf den Reiter „Berechtigungen":

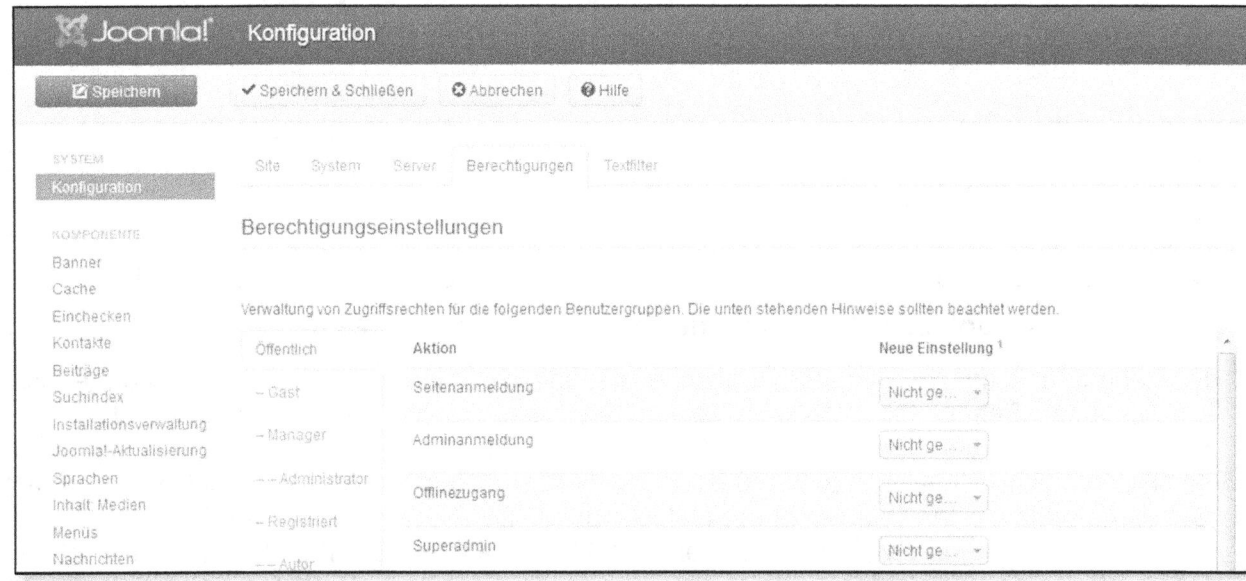

Abbildung 62: Regeln Sie die Berechtigungen für jede Benutzergruppe

In der Übersicht sehen Sie erneut die Struktur der Nutzergruppen. Nachdem Sie zuvor jeder Nutzergruppe die Zugriffsebenen zugewiesen haben, die diese einsehen darf, vergeben Sie jetzt für jede Nutzergruppe ein Paket von Rechten (z.B. Einloggen in Frontend oder Backend, Verändern von Inhalten, Erstellen neuer Inhalte etc.). Durch das Anklicken einzelner Nutzergruppen können Sie einsehen, welche Rechte dieser Nutzergruppe zugeordnet sind:

Berechtigungseinstellungen			
Verwaltung von Zugriffsrechten für die folgenden Benutzergruppen. Die unten stehenden Hinweise sollten beachtet werden.			
	Aktion	Neue Einstellung [1]	Errechnete Einstellung [2]
Öffentlich			
– Gast	Seitenanmeldung	Erlaubt	Erlaubt
– Manager	Adminanmeldung	Vererbt	Nicht erlaubt
– – Administrator	Offlinezugang	Vererbt	Nicht erlaubt
– Registriert	Superadmin	Vererbt	Nicht erlaubt
– – Autor	Administrationszugriff	Vererbt	Nicht erlaubt
– – – Editor	Erstellen	Vererbt	Nicht erlaubt
– – – – Publisher			

Abbildung 63: Tooltips geben gute Erläuterungen der einzelnen Rechte

Ich habe den Reiter der Gruppe „Registriert" gezogen und Sie erkennen die zugehörige Liste an Rechten. Sehen Sie sich die Tooltips für alle Rechte an. Letztendlich steht das Entscheidende in der Spalte „Errechnete Einstellung", denn die Einstellung „Vererbt" sagt für ein Recht noch nichts aus, außer dass diese Nutzergruppe für dieses Recht den gleichen Status hat, wie die ihr übergeordnete Nutzergruppe. Die Nutzergruppe „Registriert" erbt alle Rechte der Nutzergruppe „Öffentlich", daher steht über alle „Nicht erlaubt". Ausnahme ist das Recht der „Seitenanmeldung", also des Logins im Frontend. Dieses wird nicht vererbt, sondern durch eine „Neue Einstellung" festgelegt und ist „Erlaubt"."

Wie Sie aus den einzelnen Rechten erkennen können, richtet sich die Aufteilung der Rechte in Joomla (neben dem Einloggen in Front- und Backend) ganz klar an die Funktion des Erstellens und Bearbeitens von Inhalten der Core-Komponenten (Artikel, Weblinks, Feeds, Banner...).

Übrigens können Sie in den Dropdown-Menüs der jeweiligen Berechtigungen auch einmal einen Wert verändern und speichern. Dadurch ändert sich dann auch der Wert in der Spalte „Errechnete Einstellung".

Sehen Sie sich die Einstellungen für jede der angelegten Benutzergruppen etwas genauer an, indem Sie die einzelnen Gruppen anklicken. Sie werden feststellen, dass die Gruppen „Registriert", „Autor", „Editor" und „Publisher" keine Möglichkeit haben, im Backend aktiv zu werden, da Sie sich dort nicht einloggen können. Wenn Sie also einen neuen Nutzer Ihrer Webpräsenz zu einer dieser Gruppen zuweisen, dann kann er Ihnen helfen bei der Verwaltung der Inhalte im Frontend, bleibt dabei jedoch außerhalb des Herzstücks Ihrer Webpräsenz. Wenn Sie allerdings Nutzer an der wirklichen Administration Ihrer Webpräsenz beteiligen wollen, dann ordnen Sie sie der Gruppe „Manager" oder „Administrator" zu, dann können diese auch im Backend aktiv werden. Sie können natürlich auch anderen Nutzern die Berechtigungen der Gruppe „Super-Benutzer" zuordnen, das sollten Sie sich aber gut überlegen, denn diese Nutzergruppe hat als einzige Zugriff auf:

- Die globale Konfiguration Ihrer Webpräsenz
- Die Systeminformationen des Servers
- Das Anlegen/Löschen oder Herabstufen von Super-Benutzer-Accounts
- Die Vergabe der Berechtigungen zu den einzelnen Nutzergruppen

Wenn Sie also jemand anderem die Rechte des „Super Benutzers" einräumen (die Sie bisher als Einziger haben), dann kann der Ihnen einen ordentlichen Tritt verpassen, indem er/sie zuerst Ihren Nutzeraccount löscht, dann unflätiges Material auf Ihrer Website veröffentlicht und anschließend noch an den Servereinstellungen herumspielt, bis Ihnen nichts anderes mehr übrig bleibt, als alles komplett einzustampfen. Seien Sie also vorsichtig.

Übrigens: Wenn Sie sich die Berechtigungen der „Super Benutzer"-Gruppe angesehen haben, ist Ihnen vielleicht aufgefallen, dass dort neben den meisten Berechtigungen ein Vorhängeschloss zu sehen ist. D.h. Sie können der Gruppe diese Rechte nicht nehmen. Das bewahrt Sie davor, versehentlich irgendwelche Dummheiten zu machen. Nur neben dem Recht „Super-Admin" ist kein solches Zeichen zu sehen. Versuchen Sie doch einmal, der „Super Benutzer"-Gruppe dieses Recht zu nehmen, indem Sie unter „Neue Einstellungen" „Nicht erlaubt" wählen.

Das Resultat ist eine Fehlermeldung. Alles andere wäre ohnehin tragisch, denn wenn Sie sich als einziger „Super Benutzer" diese Berechtigung nehmen würden, gäbe es niemanden mehr mit Zugriff auf die Konfiguration Ihrer Website. Das würde verdammt nach Neu-Installation riechen!

Wie Sie vielleicht bereits gesehen haben, finden Sie in der Funktionszeile der Benutzergruppen-Übersicht auch den Button „Neu". D.h. Sie können selbst neue Benutzergruppen anlegen und diesen ein Rechteprofil zuweisen. In der Regel werden Sie gut mit den voreingestellten Gruppen zurechtkommen. Sollten Sie aber neue Gruppen aufbauen, dann behalten Sie eine gewisse Systematik bei und orientieren sich an der der hierarchischen Struktur der Gruppen, um immer einen Überblick zu behalten, wer gerade was darf. Ansonsten gruppieren Sie vielleicht irgendwann einmal jemanden falsch ein und als Resultat kann dieser Dinge tun, die er nicht sollte. Und da muss gar kein böser Wille dahinter stecken: Sie ahnen nicht, was Nutzer alles unabsichtlich anstellen, wenn Sie ihnen die Möglichkeiten dazu geben!

Einstellungen für einzelne Komponenten/Artikel festlegen

Sie haben gerade die Einstellungen der Berechtigungen für alle Objekte Ihrer Website festgelegt bzw. betrachtet. Dort konnten Sie festlegen, welche Benutzergruppen allgemein neue Inhalte erstellen oder bestehende Inhalte verändern dürfen. Doch Joomla bietet noch mehr: Klicken Sie sich einmal durch bis zur Übersichtsliste der Artikel (im Backend-Menü: „Inhalt >> Beiträge") – dort finden Sie dann den von Ihnen geschriebenen Artikel wieder. Klicken Sie auf den Namen des Artikels, um ihn zu öffnen. Öffnen Sie dann den Reiter „Beitragsberechtigungen":

Abbildung 64: Sie können spezielle Berechtigungen für jeden Artikel Ihrer Webpräsenz festlegen

Sie haben die Möglichkeit, unabhängig von den globalen Berechtigungen, die für alle Artikel gelten, für jeden einzelnen Artikel ganz spezielle Berechtigungen festzulegen – etwa weil er besonders wichtig ist oder immer auf Ihrer Startseite stehen bleiben soll, egal, was andere wollen. Voreingestellt sind die Werte aus der globalen Konfiguration, diese können Sie beliebig ändern.

Kehren Sie jetzt zurück zur Artikelübersicht. Denn diese Einstellung der Berechtigung können Sie nicht nur global für die ganze Webpräsenz oder ganz individuell für einzelne Artikel regeln, sondern zum Beispiel auch für alle Elemente einer Komponente, zum Beispiel alle Artikel. Klicken Sie dafür in der Artikelübersicht in der Funktionsleiste auf den Button „Optionen". Es öffnet sich ein Fenster mit vielen Reitern, Sie kennen diese Ansicht bereits. Klicken Sie auf den Reiter „Berechtigungen" ganz rechts. Es öffnet sich die vertraute Ansicht der Gruppen und der Rechte. Sie können hier also auch für alle Artikel auf einmal gesonderte Rechte festlegen. Das wäre z.B. nützlich, wenn Sie zwar wollen, dass Artikel von vielen Nutzern bearbeitet/erstellt werden können, aber keine anderen Inhalts-Elemente wie Newsfeeds oder Banner.

Und um noch eines drauf zu setzen: Klicken Sie im Backend-Menü auf „Inhalt >> Kategorien". Sie sehen dort aktuell nur die Kategorie „Uncategorised", da diese die einzige vorhandene Kategorie ist. Klicken Sie auf den Namen der Kategorie, um sich die Details anzusehen. Und: Überraschung! Sie finden wieder einen Reiter „Kategorieberechtigungen" und können die Berechtigungen der unterschiedlichen Nutzergruppen für alle Artikel in dieser Kategorie gesondert regeln. Das würde sich anbieten, wenn Sie bestimmte Artikelsammlungen vor Veränderungen schützen wollen, während Nutzer in anderen Bereichen dann trotzdem munter aktiv sein können.

Sie finden die Möglichkeit, die Berechtigungen für bestimmte Bereiche von Joomla festzulegen, nahezu unbegrenzt. Das ist vom Joomla-Entwickler-Team mit Sicherheit gut gemeint – aber ob wirklich so sinnvoll?! Letztendlich ist positiv anzumerken, dass Ihnen damit die größtmögliche Flexibilität bleibt – wenn Sie den Durchblick nicht verlieren. Sie finden hinter dem „Optionen"-Button in der Funktionsleiste fast überall die Berechtigungsoptionen und können sich austoben. Ein paar Tipps:

- Legen Sie sich handschriftlich ein Protokoll Ihrer Änderungen an, sonst verlieren Sie schnell den Durchblick.
- Ändern Sie – wenn überhaupt – nur ein oder zwei Einstellungen und prüfen Sie das eine Weile, bevor Sie weitere Dinge ändern.
- Probieren Sie die sich ergebenden Änderungen schnellstmöglich selbst aus, damit kein Unheil passiert.
- Setzen Sie Ihre Website notfalls in den Wartungsmodus, bis Sie sicher sind, dass größere Änderungen funktionieren oder Sie Dinge wieder korrigiert haben, die unerwünschte Nebenwirkungen produziert haben.

Wann macht es eigentlich Sinn, eigene Gruppen anzulegen und diesen gesonderte Berechtigungen zuzuordnen? Das kann Sinn machen, wenn viele User auf Ihrer Website kommunizieren und agieren. Wenn Sie z.B. ein Forum betreiben, dann macht es Sinn, eine Gruppe für „Forenadministratoren" anzulegen und diesen erweiterte Rechte bei der Verwaltung von Forenbeiträgen einzuräumen. Oder es wäre denkbar, dass Sie Warenverkäufern auf Ihrer Shop-Plattform ebenfalls gesonderte Rechte einräumen, damit diese Waren einpflegen, Warenbestände verwalten und andere Dinge tun können.

Die Benutzer-Konten Ihrer Website

Ihnen raucht der Kopf? Ok, kleine Entspannungsphase: Klicken Sie im Backend-Menüpunkt auf „Benutzer >> Benutzer" und sehen Sie sich die Liste der bisher eingetragenen Benutzer Ihrer Website an. Da stehen aktuell nur Sie drin:

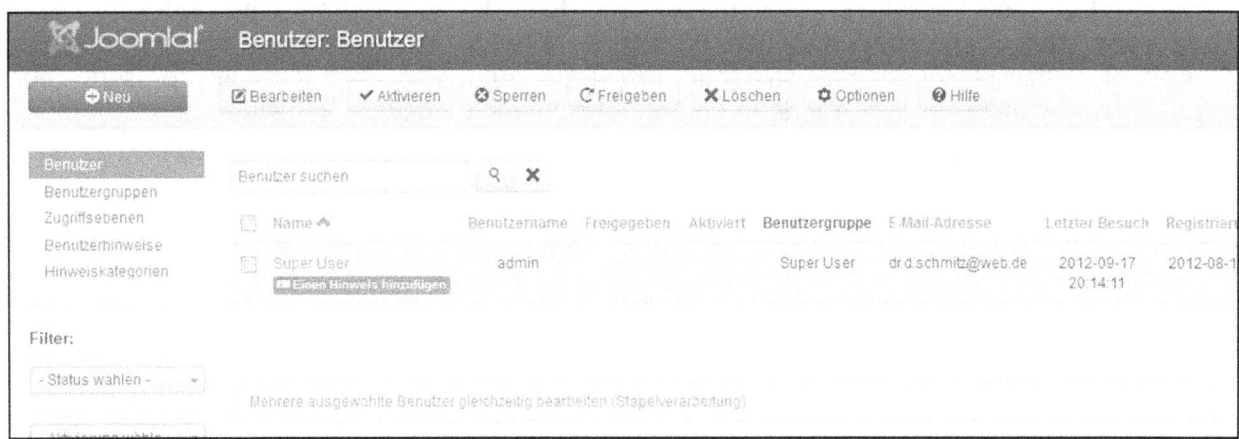

Abbildung 65: Die Übersicht über alle Nutzeraccounts Ihrer Webpräsenz

Klicken Sie auf den Namen und sehen Sie sich im Profil im Reiter „Zugewiesene Gruppen" Ihre Einstufung in die Benutzergruppen an:

Abbildung 66: Sie sind der Gruppe Super User zugewiesen.

Natürlich finden Sie den Haken bei „Super User", da Sie alles dürfen. Wenn später neue Benutzer bei Ihrer Webpräsenz registriert sind, sehen Sie dort andere Einstellungen und können diese auch ändern. Dazu gleich etwas mehr mehr.

Neue Benutzer auf Ihrer Webpräsenz

Wenn Sie tatsächlich andere Nutzer in verschiedenen Benutzergruppen auf Ihrer Website zulassen wollen, dann geht das auf zwei Arten: Sie legen diese Accounts jeweils von Hand im Backend an (unter „Benutzer >> Benutzer" und dann mit dem Button „Neu") oder Sie regeln das über das Frontend und geben Besuchern die Möglichkeit, selbst einen Account zu eröffnen. Dazu platzieren Sie ein Modul des Typs „Anmelden" auf Ihrer Webpräsenz (oder einen Menüpunkt „Anmelden"), denn dort findet sich auch ein Link „Registrieren":

Abbildung 67: Das „Anmelden"-Modul brauchen Sie, falls Sie andere registrierte Benutzer zulassen wollen

Alternativ können Sie auch über einen neuen Menüpunkt eine neue Seite zur Registrierung anlegen. Dann wählen Sie als Menüpunkt-Typ „Benutzer >> Registrierungsformular".

Ein paar wichtige Einstellungen dazu müssen Sie allerdings kennen bzw. vornehmen. Begeben Sie sich zur Nutzerübersicht (unter „Benutzer >> Benutzer") und klicken in der Funktionsleiste auf den Button „Optionen":

Abbildung 68: Die Einstellungen zur Benutzerregistrierung

Grundsätzlich können Sie die Registrierung auch verbieten (setzen Sie die Option „Benutzerregistrierung" auf „Nein"). Tun Sie das einmal und sehen Sie sich das Frontend an: Sie werden sehen, dass der Link „Registrieren" im Modul „Anmelden" verschwunden ist.

Weiterhin können Sie festlegen, welcher Gruppe die neuen Benutzer angehören sollen und außerdem, welcher Benutzergruppe ein nicht eingeloggter Nutzer („Gast") zugeordnet werden soll. Belassen Sie diese Einstellungen am besten, denn ein nicht eingeloggter Besucher Ihrer Website sollte mit keinen besonderen Rechten ausgestattet werden.

Wichtig ist weiterhin, wie ein neues Konto aktiviert werden soll: Wählen Sie „Keine", „Benutzer" oder „Administrator". Das bedeutet: Wenn ein Nutzer ein neues Konto erstellt, ist noch nicht unbedingt aktiv, sondern muss erst aktiviert werden (außer Sie haben „Keine" gewählt). Das kann entweder durch den Nutzer geschehen, indem er eine E-Mail von Joomla geschickt bekommt mit einem entsprechenden Aktivierungslink (empfohlen). Möchten Sie zwar grundsätzlich eine Registrierung gestatten, jedoch selbst die Kontrolle behalten, wer sich auf Ihrer Website registrieren darf, dann wählen Sie hier „Administrator", denn dann erhalten Sie eine E-Mail, sobald sich ein neuer Nutzer registriert und seine Emailadresse über eine Aktivierungsemail bestätigt hat. Erst wenn Sie diesen Account dann im Backend Ihrer Webpräsenz freischalten, kann der Nutzer sich tatsächlich einloggen. Nutzern Sie auch hier die Tooltips.

Benutzernotizen

Seit Joomla 2.5 erhalten Sie die Gelegenheit, Notizen über einzelne Benutzer anzulegen und in einem beliebig verzweigten Kategoriensystem analog der Komponente zur Verwaltung Ihrer Artikel zu ordnen. Die Notizen finden Sie im Menüpunkt „Benutzer >> Benutzerhinweise" oder über kleine Funktionsbuttons unter jedem Benutzernamen:

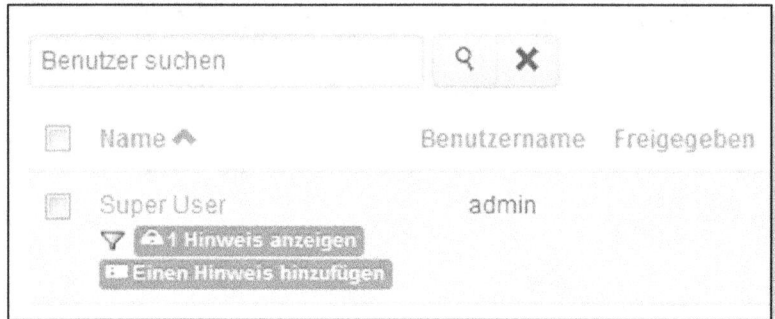

Abbildung 69: Diese Schaltflächen sehen Sie, wenn bereits eine Notiz vorliegt

Ich möchte Ihnen weitere lange Ausführungen ersparen, da es sich fast 1:1 um eine Kopie des Artikel-Systems handelt, das ich Ihnen im betreffenden Kapitel beschrieben habe.

Der Sinn hinter der Notiz-Funktion gehört ganz klar in den Bereich der Nutzer-Überwachung. Denn Sie werden bei einer großen Website mit vielen registrierten Nutzern und vielen entsprechenden Aktivitäten immer wieder feststellen, dass Ihre Nutzer möglicherweise positive oder negative Dinge vollbringen. Insbesondere negative Dinge müssen Sie dokumentieren, um dann ggf. gegen solche Benutzer vorzugehen und diese eventuell von Ihrer Website zu verbannen.

11. Weitere Core-Komponenten

Die wichtigsten Komponenten von Joomla sind die zum Management der Artikel, der Menüpunkte und der Benutzer. Diese habe ich Ihnen genauer erläutert. Joomla bringt aber noch ein paar andere Komponenten mit, die ich allerdings weniger ausführlich behandeln möchte. Die meisten dieser Komponenten („Banner", „Newsfeeds", „Weblinks") tun nichts anderes als die, die Sie bis jetzt kennengelernt haben:
- Content-Elemente in Kategorien verwalten und bei Bedarf im Frontend in Modulen oder durch das Anlegen eigener Menüpunkte darstellen.

Daneben gibt es noch die beiden Komponenten zur Suche („Suche" und „Such-Index") und die Komponente „Umleitungen", die bei Joomla 1.7 neu eingeführt wurde und eine sehr sinnvolle Erweiterung der Fähigkeiten von Joomla darstellt. Und seit Joomla 2.5 gibt es auch noch die Komponente „Joomla-Aktualisierung", die das Update auf neue Programmversionen für Joomla und 3rd-Party-Komponenten erleichtern soll. Aber mehr dazu im Einzelnen:

Die Komponente „Banner"

Mit dieser Komponente können Sie Banner verwalten, die Sie als Werbung auf Ihrer Website schalten möchten. Sie legen Kategorien an, in die Sie die Banner einsortieren – genauso wie Sie es von den Artikeln her kennen. Weiterhin legen Sie „Kunden" an. Das sind Personen oder Unternehmen, die die Banner auf Ihrer Website schalten wollen. Durch das Modul „Banner" können Sie dann einen oder mehrere dieser Banner im Frontend anzeigen und als Werbung anbieten. Ich hoffe, Sie sind nicht enttäuscht, wenn ich es bei diesen Ausführungen belasse, denn diese Funktion werden Sie als normaler Webmaster kaum brauchen. Es ist außerordentlich schwierig, zahlende Kunden zu finden, die tatsächlich Banner auf Ihrer Website platzieren möchten. Das Web ist überlaufen von Websites und die meisten User klicken Banner ohnehin einfach reflexartig weg, sodass nur Websites mit bestem Inhalt an Bannerkunden kommen. Meine Gratulation, wenn Sie das schaffen – aber eine ausführliche Erläuterung der Funktion hat m. E. in einem Einführungslehrbuch nichts verloren.

Die Komponente „Kontakte"

Mit dieser Komponente verwalten Sie Kontaktdaten von Nutzern, die für Ihre Website eine Bedeutung als „Team" haben. Sie können dann für jeden Nutzer oder jedes Team-Mitglied ein Profil mit allen möglichen Kontaktdaten führen (natürlich die einzelnen Kontakte schön in Kategorien sortiert!). Über die Menüpunkt-Typen „Alle Kontaktkategorien auflisten", „Kontakte in Kategorien auflisten", „Einzelner Kontakt" und „Hauptkontakte" können Sie diese Daten im Frontend darstellen und ggf. mit einem Kontaktformular versehen, damit Nutzer Ihrer Website an die jeweiligen Kontaktpersonen eine Nachricht schicken können. Mein Vorschlag für Sie, um diese Komponente kennenzulernen: Legen Sie unter „Komponenten >> Kontakte" im Backend-Menü einen neuen Kontakt an und füllen Sie diesen mit allen möglichen Daten. Die Eingabe ist sehr intuitiv, da alle Felder sinnvoll beschriftet sind. Achten Sie auch darauf, dass die Option „Kontaktformular" auf „Anzeigen" steht. Legen Sie dann einen neuen Menüpunkt „Einzelner Kontakt" mit diesem Kontakt an und sehen Sie sich die Website im Frontend an. Das Vorgehen ist ganz einfach und Sie werden auch ohne Screenshot zurechtkommen, da bin ich mir sicher.

Die Komponente „Newsfeeds"

Newsfeeds sind Nachrichtenkanäle, mit denen Sie Nachrichten anderer Websites auf Ihrer Website sammeln können. Theoretisch kann ein Newsfeed auch von Ihnen aufgebaut werden, um News von Ihrer Website für andere Webmaster anzubieten, aber das kann diese Komponente nicht. Sie können lediglich Newsfeeds anderer Websites sammeln (in Kategorien sortiert!) und diese ggf. im Frontend darstellen über die Menüpunkte „Alle Newsfeeds-Kategorien auflisten", „Newsfeeds in Kategorie auflisten" und „Einzelner Newsfeed". Mittels zweier Module können Sie die Kurznachrichten auch im Frontend anzeigen. Das wird Ihnen inzwischen schon sehr bekannt vorkommen. Probieren Sie es aus, indem Sie einfach einen neuen Feed anlegen, nutzen Sie dafür z.B. den Feed der Website „tagesschau.de". Wenn Sie einen neuen Feed anlegen, müssen Sie einen Link eingeben, unter dem der Feed im Internet angeboten wird. Über diesen holt Joomla sich dann die

Nachrichten und zeigt sie bei Ihnen im Frontend. Für den Tagesschau-Feed lautet diese Adresse: http://www.tagesschau.de/xml/rss2

Probieren Sie es aus und legen Sie dann einen neuen Menüpunkt „Einzelner Newsfeed" dazu an. Sie haben dabei einige Einstellungsmöglichkeiten, die ebenfalls sehr intuitiv sind. Beachten Sie, dass Sie mit einem Feed niemals eigene Inhalte erzeugen, sondern immer nur Inhalte anderer Anbieter wiedergeben. Das kann für Ihre Nutzer eventuell interessant sein, vergrößert jedoch in der Regel nicht den Wert Ihrer eigenen Website, sondern lediglich den der Ursprungsseite, von der Sie die Meldungen beziehen, denn die Nutzer werden bei Interesse an den Kurznachrichten auf diese Website wechseln und Ihre Website verlassen. Aus Sicht der Suchmaschinen-Optimierung sind Feeds daher ein Graus!

Die Komponente „Weblinks"

Mit dieser Komponente sammeln Sie Links zu anderen, interessanten Websites (in Kategorien geordnet!) und können diese über Menüpunkte oder ein Modul im Frontend als „Linksammlung anzeigen". Probieren Sie es aus, es funktioniert genauso wie die Artikelverwaltung.

Die Komponente „Suche"

Über den Menüpunkt-Typ „Suche" können Sie eine Seite mit einem Suchformular anlegen. Nutzer können dort einen Suchbegriff eingeben und Ihre Website danach durchsuchen. Die Suchergebnisse werden dann ebenfalls auf dieser Website angezeigt. Dies kann nützlich sein für die Besucher Ihrer Website, wenn Sie eine etwas größere Website mit vielen Inhalten betreiben und Nutzer nach etwas Bestimmtem suchen. Sie können im Backend das Suchverhalten der Nutzer überwachen. Dazu müssen Sie allerdings erst die Erfassung der Suchstatistik aktivieren, denn sie ist standardmäßig nicht aktiviert. Gehen Sie im Backend zu „Komponenten >> Suche" und klicken auf den Button „Optionen". Unter dem Reiter „Komponente" finden Sie die Option „Suchstatistiken erfassen". Diese setzen Sie auf „Ja". Nun können Sie den Effekt selbst kontrollieren: Legen Sie einen neuen Menüpunkt „Suche" oder ein Modul „Suche" an und geben Sie anschließend im Frontend einen Suchbegriff ein. Im Backend erscheint dann in der Komponente „Suche" ein Eintrag, dass mit dem von Ihnen eingegebenen Wort eine Suche durchgeführt wurde. Dies kann nützlich sein, um herauszufinden, wonach Ihre Besucher suchen und diesen Bereich/dieses Thema dann eventuell etwas besser zu platzieren (denn offensichtlich wird es von allein nicht gefunden) oder überhaupt erst anzulegen, damit die Besucher finden, was sie wollen.

Die Komponente „Such-Index"

Joomla bietet mit dieser Komponente eine weitere Suchfunktion. Ob Sie diese brauchen werden? Ich glaube nicht. Aber mit der Suchindex-Komponente können Sie die Suchfunktion weiter optimieren. Denn die „normale" Suche mit der Komponente „Suche" durchsucht einfach den Text Ihrer Website nach dem vom Nutzer in das Suchfeld eingegebenen Wort (was in Abhängigkeit von der Menge des auf Ihrer Website vorhandenen Texts etwas dauern könnte). Mit einer Index-Suche wird der Inhalt einer Website zunächst vorsortiert und es werden die Wörter indexiert, die darin vorkommen. Das tun Sie, indem Sie im Backend in „Komponenten >> Suchindex" auf den Button „Index" der Funktionsleiste klicken. Die Indexierung des Inhalts erfolgt also lange bevor überhaupt jemand eine Suchanfrage stellt. Nehmen Sie die Indexierung jetzt vor. Sie erhalten dann eine Liste von Wörtern, die Joomla auf Ihrer Website gefunden hat. Welche Wörter dort auftauchen bzw. stärker berücksichtigt werden sollen, stellen Sie in den „Optionen" der Komponente ein. Dort finden Sie den Reiter „Index" und können einstellen, welchen Textteilen („Überschriften", „Inhaltstexte" usw.) Joomla welche spezifische Gewichtung geben soll. Belassen Sie diese Werte.

Wenn die Indexierung abgeschlossen ist, „weiß" die Index-Suchfunktion von Joomla schon so ungefähr über den Inhalt der Website Bescheid und kann bei einer eingehenden Suchanfrage schneller Ergebnisse liefern. Der Nachteil ist allerdings, dass Sie eine Indexierung immer wieder aktualisieren müssen, wenn Sie die Inhalte Ihrer Website verändern. Mein Tipp daher: Sofern Sie keine außerordentlich große Website mit vielen Texten betreiben, verwenden Sie die normale Suchfunktion.

Die Komponente „Joomla-Aktualisierungen"

Da Joomla ständig weiterentwickelt wird, gibt es alle paar Monate eine neue Version. Das kann mitunter sehr nervig sein, wenn das Update von einer alten auf eine neuere Version nicht gut funktioniert (wie es z.B. bei älteren Joomla-Versionen der Fall war). Joomla wäre vermutlich ein kurzes Leben zu prophezeien gewesen, wenn dies nicht geändert worden wäre durch die assistierte Aktualisierungsfunktion. Da dies in Zukunft immer wichtiger wird, wurde mit Joomla 2.5.4 eine ganz neue Core-Komponente für diesen Zweck aus der Wiege gehoben. Rufen Sie im Backend-Menü „Erweiterungen >> Joomla-Aktualisierung" auf. Dort sehen Sie noch nicht viel, außer dem Hinweis, dass die aktuelle Joomla-Version bei Ihnen vorliegt und einem Funktionsbutton „Optionen" rechts oben. Klicken Sie darauf, um die zukünftigen Optionen zu erahnen, die allerdings (noch) keine relevante Funktion haben.

Die Komponente „Umleitungen"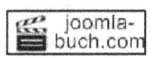

Ein paar Worte zum Hintergrund: Stellen Sie sich vor, Sie betreiben eine Website (http://www.IhreDomain.de) und bieten dort ein paar nützliche Informationen an: http://www.IhreDomain.de/nützliche-Informationen.

Mit der Zeit werden dort viele Nutzer Ihre Texte lesen. Manch einer wird die Texte vielleicht so gut finden, dass er irgendwo im Internet einen Link auf diese Website hinterlässt. Zum Beispiel könnte er in einem Forum schreiben: „Hallo Leute, schaut mal hier vorbei, da sind wirklich nützliche Infos zu finden: Link-zu-Ihrer-Website." Außerdem wird es so sein, dass die Website von den Suchmaschinen gefunden wird und indexiert, also gespeichert wird. Und wenn jemand nach „nützlichen Informationen" sucht, dann taucht Ihre Website mit der URL http://www.IhreDomain.de/nützliche-Informationen vielleicht in den Suchergebnissen auf und Nutzer können auf den Eintrag klicken, um zu Ihnen zu gelangen. So weit, so gut.

Stellen Sie sich vor, dass Sie Ihre Website aber nach einer Weile umstrukturieren, zum Beispiel, weil mit der Zeit immer mehr Texte dazugekommen sind und Sie etwas Ordnung machen wollen. Daher gruppieren Sie die Artikel um und in Zukunft sind diese nicht mehr unter http://www.IhreDomain.de/nützliche-Informationen, sondern unter
http://www.IhreDomain.de/meine-Artikel/nützliche-Informationen
zu erreichen. Das führt dazu, dass alle Links zur alten URL eine Fehlermeldung produzieren und die Nutzer Ihre Seite auf diesem Weg nicht mehr erreichen können. Auch die

Suchmaschinen suchen vergeblich nach Ihrer Website mit der alten Adresse. Nicht nur, dass Suchmaschinen das gar nicht mögen – Ihnen gehen auch Besucher verloren. Da kommt die Komponente „Umleitungen" ins Spiel, die Ihnen hilft, alte, fehlerhafte Links auf neue, funktionierende Links umzuleiten. Sie sollen das Ganze mit einer kleinen Übung kennenlernen.

Begeben Sie sich dazu ins Frontend der Website und klicken Sie auf den Menüpunkt „Mein Menüpunkt". Schauen Sie sich mal die Adresse dieser Webseite in der Browserzeile an. Diese sollte mit „/mein-menuepunkt" enden. Das ist das Alias Ihres Menüpunktes „Mein Menüpunkt" und wird von Joomla dazu verwendet, die Url dieser Webseite zu generieren.

Lassen Sie nun das Browserfenster geöffnet und suchen sich im Backend den Menüpunkt „Mein Menüpunkt". Ändern Sie in der Detailansicht des Menüpunktes den „Alias" von „mein-menuepunkt" zu „mein-menuepunkt2". Speichern Sie. Gehen Sie nun wieder in das Browserfenster, in dem Sie zuvor die Seite „Mein Menüpunkt" geöffnet hatten und laden Sie die Seite erneut. Sie erhalten eine Fehlermeldung, denn die Seite ist nun nicht mehr unter der vorherigen Adresse erreichbar. Joomla hat entsprechend der Änderung des Alias auch die Webadresse verändert, die zu dieser Seite führt. Diese endet jetzt nicht mehr auf „/mein-menuepunkt", sondern auf „/mein-menuepunkt2". Daher produziert das Aufrufen der alten Url eine Fehlermeldung:

Abbildung 70: Seite nicht mehr erreichbar!

Begeben Sie sich nun ins Backend zu „Komponenten >> Umleitungen". Sie sehen dort eine Liste aller Seitenaufrufe Ihrer Website, die in letzter Zeit mit einer Fehlermeldung beantwortet wurden. Sie sehen dort einzigen Eintrag den von Ihnen gerade provozierten mit der „abgelaufenen Adresse" : „index.php/mein-menuepunkt":

Abbildung 71: Ihr eben produzierter, fehlerhafter Link

Klicken Sie darauf:

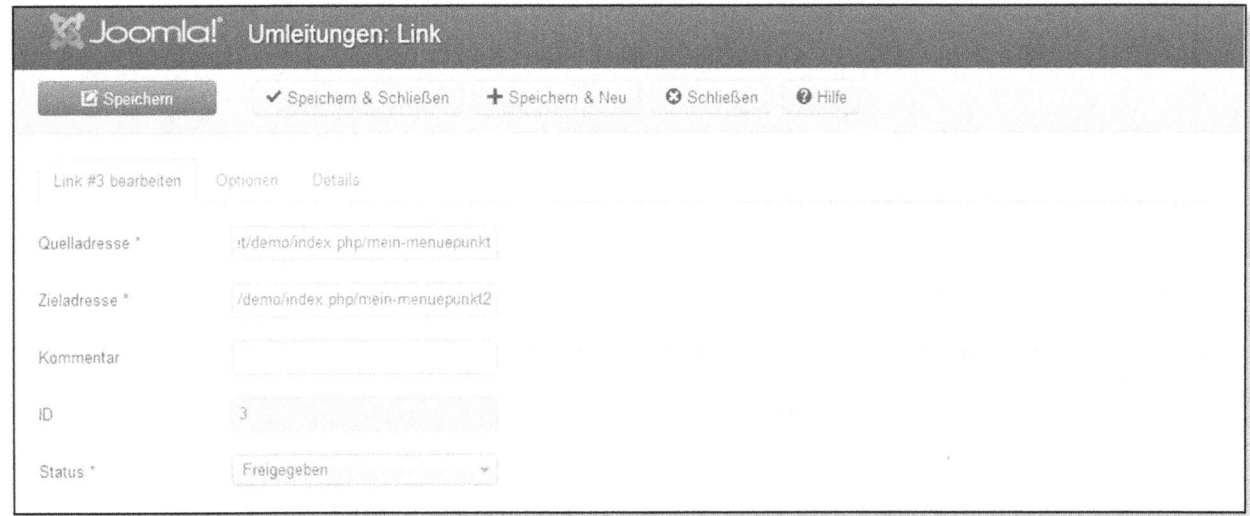

Abbildung 72: Legen Sie eine Umleitung an

Sie können für diese abgelaufene Adresse nun eine neue Zieladresse festlegen (was ich in Abbildung 72 schon getan habe), zu der alle Besucher der alten, abgelaufenen Adresse automatisch weitergeleitet werden. Damit das für Ihr Beispiel funktioniert, geben Sie die neue Webadresse mit dem Ende „/mein-menupunkt2" unter „Zieladresse" ein. Dadurch werden die Nutzer zur URL http://www.IhreDomain.de/index.php/mein-menupunkt2 umgeleitet. Setzen Sie in den Optionen rechts den Status noch auf „Freigegeben" und speichern Sie ab. Sie können die Seite im Browser-Fenster nun erneut laden und den Umleitungserfolg betrachten. Alternativ geben Sie die (eigentlich ja nicht mehr existierende) Adresse http://www.IhreDomain.de/index.php/mein-menuepunkt in die Adress-Zeile Ihres Browsers ein. Sie werden umgeleitet und in der Adresszeile des Browsers steht dann die neue URL mit der Endung „index.php/mein-menupunkt2".

Werfen Sie also von Zeit zu Zeit einen Blick in die Komponente „Umleitungen", um zu erfahren, ob neue abgelaufene Adressen existieren – das kann und wird ganz unbeabsichtigt passieren. Nach einer Umstrukturierung einer Website fand ich beispielsweise innerhalb weniger Tage weit über 1000 Einträge von abgelaufenen Adressen in der Komponente! Leiten Sie diese um. Am einfachsten ist es, wenn Sie gleich mehrere abgelaufene Adressen umleiten, indem Sie alle umzuleitenden Einträge markieren und ganz unten eine Adresse eintragen:

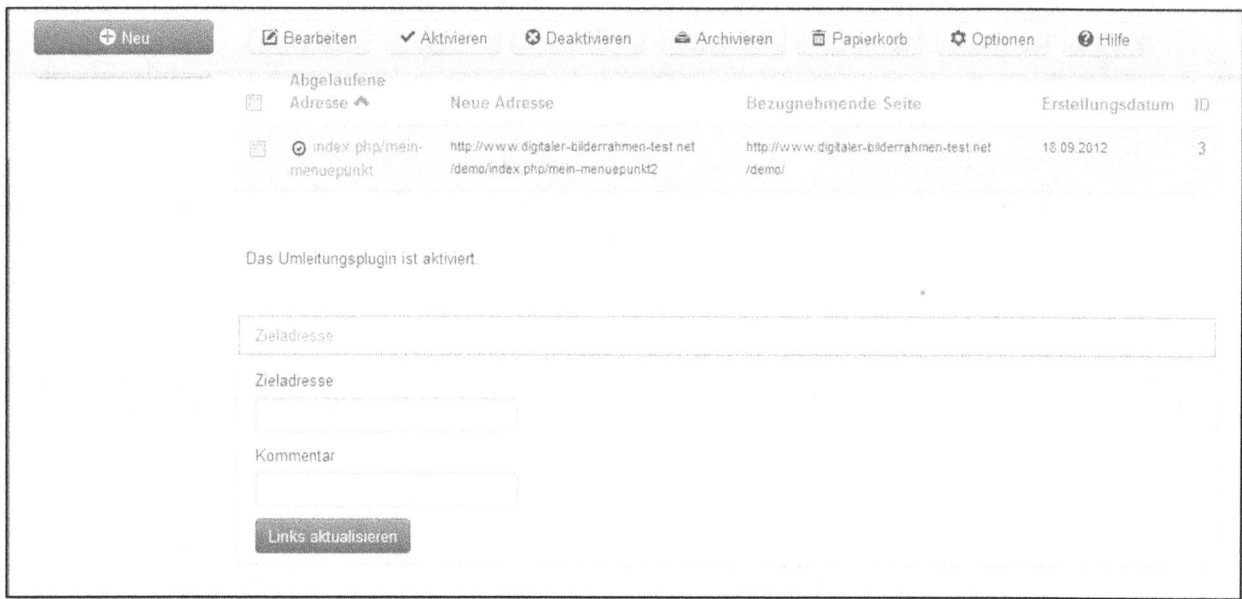

Abbildung 73: Leiten Sie mehrere URLs mit einem Eintrag um

So können Sie zum Beispiel alle abgelaufenen Adressen einfach pauschal auf die Startseite Ihrer Webpräsenz umleiten.

Nutzen Sie diese Komponente auf jeden Fall, denn sie verhindert wirkungsvoll, dass Suchmaschinen Ihre Webpräsenz abstrafen und Ihnen Besucher durch fehlerhafte Links verloren gehen.

12. Erweiterungen verwalten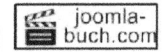

In der Joomla-Standardinstallation finden Sie bereits viele nützliche Funktionen, Komponenten, Module und Plug-ins. Allerdings ist das längst nicht alles und erfüllt auch nicht alle Wünsche. Daher werden Sie sicherlich nicht darum herum kommen, weitere Komponenten, Module und Plug-ins zu Ihrer Joomla-Installation hinzufügen. Was es da alles gibt, erfahren Sie auf: http://www.extensions.joomla.org.

Ich denke, es ist keine Übertreibung, wenn ich prophezeie, dass die o.g. Webadresse die von Ihnen in Zukunft im Zusammenhang mit Joomla am häufigsten besuchte sein wird. Denn dort finden Sie ein Verzeichnis nahezu aller aktuellen Erweiterungen, die es für Joomla gibt. Vollständig ist die dortige Liste sicherlich nicht, aber unter den dort gelisteten fast 10.000 Erweiterungen finden Sie fast immer das Passende für Ihre Wünsche.

Und Joomla macht es Ihnen wirklich sehr einfach, diese neuen Erweiterungen zu nutzen.

Abbildung 74: Verwalten Sie bestehende und zusätzliche Teile von Joomla

Und auf diese Art können Sie auch alle anderen Erweiterungen installieren und nutzen: Laden Sie die Paketdateien (.zip) von den Anbietern herunter, installieren Sie diese über die Install-Funktion von Joomla und nutzen Sie sie. Module finden Sie dann in der Modulübersicht, Plug-ins in der Plug-in-Übersicht und Komponenten finden Sie sogar mit einem eigenen Menüpunkt im Backend-Menü „Erweiterungen", meistens auch mit ein paar zusätzlichen Optionen für die Menüpunkte-Auswahl, wenn Sie einen neuen Menüpunkt anlegen. Zum Beispiel bietet Ihnen eine von Ihnen frisch installierte Kalender-Komponente den Menüpunkt-Typ „Kalender", um eine Seite zu erzeugen, die einen Kalender mit Ihren (in der Komponente angelegten) Terminen anzeigt. Denn einen Kalender kann die Standard-Installation nicht anzeigen.

Deinstallieren von Erweiterungen

Genauso wie Sie neue Erweiterungen installieren können, können Sie auch bestehende deinstallieren. Klicken Sie dazu im Backend-Menü auf „Erweiterungen >> Erweiterungen" und dann auf „Verwalten":

Abbildung 75: Deinstallieren Sie Ihre Erweiterungen

Sie sehen eine Übersichtsliste aller verfügbaren Erweiterungen. Diese können Sie erneut mit der Filter-Zeile so ausdünnen, dass Sie z.B. nur Module oder nur Komponenten usw. angezeigt bekommen.

Übrigens: In der Liste der Erweiterungen sind mache Einträge hellgrau und andere etwas dunkler geschrieben. Die hellgrauen können Sie nicht deinstallieren, da Joomla diese dringend benötigt. Ein guter Schutz, der Sie davor bewahrt, Ihre Website versehentlich zu zerstören.

Und warum sollten Sie die Deinstallation überhaupt nutzen? Ganz einfach: Komponenten, Module oder Plug-ins, die Sie nicht nutzen, nehmen unnötig Speicherplatz in Anspruch und stellen eventuell auch ein Sicherheitsrisiko da. Denn jedes zusätzliche Programm hat möglicherweise Sicherheitslücken – installieren Sie daher nur das, was Sie auf jeden Fall brauchen.

Klicken Sie sich nun kurz durch die anderen Menüpunkte unter „Erweiterungen >> Erweiterungen: Aktualisieren / Überprüfen / Datenbank / Warnungen". Ändern Sie dort nur etwas, wenn Sie dringend dazu aufgefordert wurden und wissen, was Sie tun. Am ehesten können Sie die Empfehlungen unter „Aktualisieren" nutzen. Dort erfahren Sie ggf., ob von Ihnen installierte Erweiterungen in einer aktuelleren Version vorliegen, und können diese dann aktualisieren.

Steht ein Update von Komponenten an, sollten Sie sicherheitshalber den Hersteller kontaktieren, um herauszufinden, ob das Update durch einfaches „Drüber-Installieren" der neuen Version über die alte, bereits bei Ihnen installierte Version geschieht oder ob Sie ein bestimmtes Update-Paket brauchen.

Joomla aktualisieren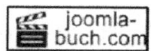

Alle paar Wochen/Monate erscheint eine neue Joomla-Version. Meistens aufgrund von neu erkannten Sicherheitslücken, die umgehend behoben werden. Aber spätestens seit Joomla 2.5 haben Sie damit keine großen Probleme mehr: Unter „Erweiterungen >> Aktualisieren" finden Sie immer eine Übersicht über anliegende Update von Joomla:

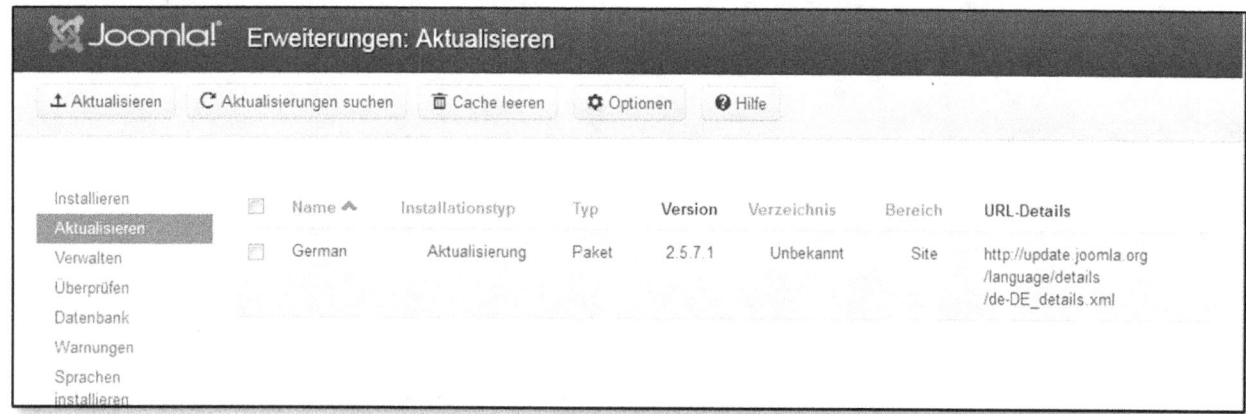

Abbildung 76: Joomla ist aktuell, aber es stehen andere Erweiterungen zur Aktualisierung an

In Abbildung 76 erkennen Sie, dass keine Joomla-Aktualisierung angezeigt wird, sondern nur eine Aktualisierung des deutschen Sprachpakets. Wenn Sie eine der empfohlenen Aktualisierungen durchführen wollen, setzen Sie einen Haken in die Checkbox am Beginn der betreffenden Zeile und klicken in der Funktionsleiste auf „Aktualisieren". Wenn Sie sichergehen wollen, führen Sie zuvor ein Sicherheitsbackup Ihrer Website mit der Erweiterung „Akeeba Backup" durch. Diese wird weiter hinten im Buch noch erläutert. Dann haben Sie eine Sicherheitskopie Ihrer Website für den Fall, dass eine Aktualisierung irgend etwas zerstören sollte.

Die Liste der anstehenden Aktualisierungen können Sie auch selbst immer wieder prüfen, indem Sie die Funktionsbuttons „Cache leeren" und „Aktualisierungen suchen" nacheinander anklicken, dann sucht Joomla nach neuen Aktualisierungen.

Übrigens können Sie die Joomla-Aktualisierung auch über die Komponente „Joomla-Aktualisierung" durchführen. Klicken Sie zum Test im Backend-Menü auf „Komponenten >> Joomla-Aktualisierung".

Außerdem: Unter „Erweiterungen >> Datenbank" finden Sie Meldungen über die Aktualität der MySQL-Datenbank, bzw. über Änderungen, die Joomla an der MySQL-Datenbank vorgenommen hat. Selten kann es vorkommen, dass dort Unregelmäßigkeiten angezeigt werden. Diese können Sie mit einem Klick auf den Funktionsbutton „Reparieren" beheben – aber auch hier sei Ihnen empfohlen, zumindest eine nicht zu stark veraltete Backup-Kopie Ihrer Website als Sicherheit in Reserve zu haben, falls etwas schiefgeht.

13. Spracheinstellungen und Overrides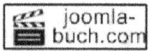

Wenn Sie die richtige Sprachversion von Joomla installiert haben, sind alle Texte im Backend auf Deutsch und alle von Joomla generierten Texte im Frontend ebenfalls in Deutsch. Sehen Sie sich die installierten Sprachpakete unter „Erweiterungen >> Sprache" an:

Num	Sprache	Sprach-Tag	Bereich	Standard	Version	Datum	Autor	E-Mail des Autors
1	English (United Kingdom)	en-GB	Site	☆	2.5.5	2008-03-15	Joomla! Project	admin@joomla.org
2	German (Germany-Switzerland-Austria)	de-DE	Site	☆	2.5.6.1	20.06.2012	J!German	team@jgerman.de

Abbildung 77: Sie haben aktuell die englische und die deutsche Sprachdatei installiert

Sie sehen an den beiden Menüpunkten „Installiert – Site" und „Installiert – Administrator", dass Sie für Frontend und Backend die Sprache getrennt festlegen können. Setzen Sie beides auf „Englisch", indem Sie die Zeile markieren und dann auf „Standard" klicken. Alternativ können Sie auch auf den blassen Stern in der jeweiligen Zeile klicken, er wird dann gelb/gold. Sehen Sie sich Frontend und Backend an und stellen die Optionen dann wieder um.

Übrigens bringen alle Module und Komponenten, die irgendwo etwas darstellen, eigene Sprachdateien mit. Diese sind nicht direkt einsehbar. Wenn irgendwo ein Wort oder Satz auftaucht, den Sie gerne anders bezeichnen würden, haben Sie ein Problem. Denn Sie müssten mittels FTP die entsprechenden Sprach-Dateien der jeweiligen Komponenten einsehen und dies dort verändern. Zum Beispiel wäre es denkbar, dass Sie eine Kalender-Komponente installiert haben und nutzen, bei der dem Übersetzer ein Fehler unterlaufen ist. Statt „Januar" schreibt die Komponente immer „Jannuar".

Dazu müssen Sie eines wissen: Im Programmcode von Joomla steht nie das zu verwendende Wort direkt drin, sondern nur ein Platzhalter (=Sprachkonstante). Für das Wort des Monats Januar wäre als Sprachkonstante denkbar „Calendar_Month_January". Findet Joomla diese Sprachkonstante im Programmcode, ersetzt es diesen durch einen Text aus einer Sprachdatei, die genau dieser Sprachkonstante zugeordnet ist. Dadurch können alle Nutzer rund um den Globus die gleiche Komponente (mit einer universalen Sprachkonstante) verwenden und brauchen nur jeweils eine andere Sprachdatei, in der sich dann das passende Wort in der gewünschten Sprache befindet. Joomla sucht sich dann jeweils aus der gültigen Sprachdatei das passende Wort für den Platzhalter aus. In den Sprachdateien steht in jeder Zeile eine Zuordnung von Platzhalter zu übersetztem Wort: „Platzhalter_des_Wortes=Das passende Wort in der gewünschten Sprache". Und immer wenn im Programmcode „Platzhalter_des_Wortes" auftaucht, setzt Joomla „Das passende Wort" ein. In dem Beispiel

„Jannuar" ist also der Eintrag „Calendar_Month_January=Jannuar" in Ihrer Sprachdatei enthalten und müsste geändert werden.

Sie können das ändern, indem Sie die Sprachdatei im Joomla-Dateiverzeichnis aufsuchen und den Eintrag ändern. So wurde es bislang gemacht (zumindest grob). Das war aufwändig und vor allem wären alle Ihre Änderungen weg, wenn Sie z.B. im Rahmen eines Updates auch eine neue Sprachdatei installieren. Seit der Version 2.5 bringt Joomla jetzt eine neue Methode mit: die Overrides. Auf Deutsch „die Überschreibung". Damit können Sie Einträge aus Sprachdateien überschreiben, ohne direkt in diesen Sprachdateien etwas zu verändern.

Klicken Sie dazu auf „Erweiterungen >> Overrides" und dann auf „Neu":

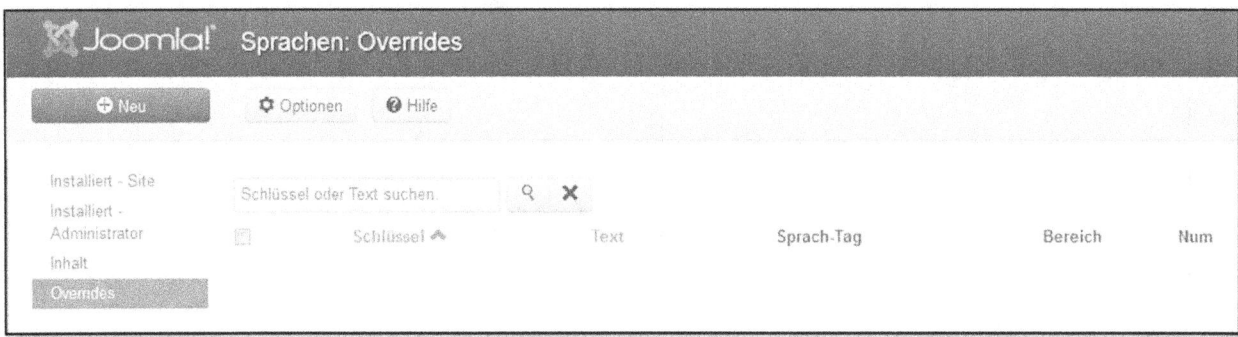

Abbildung 78: Legen Sie einen neuen Override an

Sie nutzen zunächst die Suchfunktion ganz unten (Sie müssen weit scrollen), um die Sprachkonstante für das Wort zu finden, das Sie verändern wollen. Im Beispiel mit der Kalender-Komponente würden Sie nach „Jannuar" suchen und das Ergebnis wäre „Cal_Month_January". So würden Sie unter „Sprachkonstante" diese Zeichenkette eintragen und als Text „Januar" und Joomla würde in Zukunft die Sprachkonstante „Cal_Month_January" immer durch „Januar" ersetzen.

Dazu eine Übung: Nehmen Sie an, Sie möchten die Beschriftung „Aktuelle Seite" verändern, die Sie im Frontend auf der linken Seite finden (siehe Screenshot):

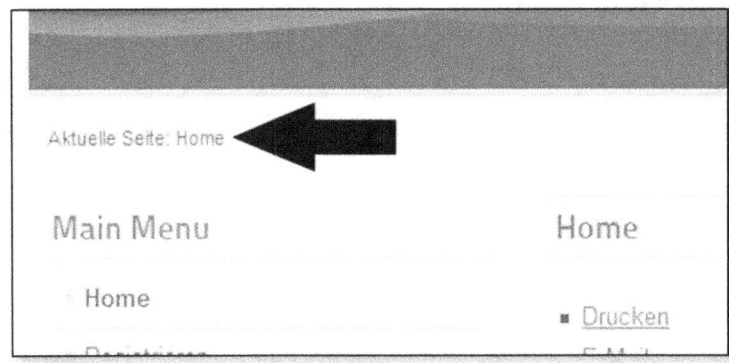

Abbildung 79: „Aktuelle Seite" gefällt Ihnen nicht, erstellen Sie einen Override

Klicken Sie auf den Button „Neu", um einen neuen Override zu erstellen. Um die Sprachkonstante für den auszutauschenden Text „Aktuelle Seite:" herauszufinden, müssen Sie die Suchfunktion nutzen, die Sie rechts im Bildschirm finden, wenn Sie bereits auf „Neu" geklickt haben. Geben Sie „Aktuelle Seite" in das Suchfeld der Override-Funktion ein und betrachten die Suchergebnisse, die Ihnen angezeigt werden, wenn Sie auf „Suche" geklickt haben. Achtung: Zum Teil gibt es Fehlfunktionen bei dieser Suche. Es kann sein, dass Joomla die Suche nicht ausführt, sondern Sie auffordert, links einen Sprachschlüssel einzutragen – was natürlich nicht geht, denn genau den suchen Sie ja! Falls das bei Ihnen passiert, liegt das leider an Joomla – aber der Fehler wird mit einem der folgenden Updates sicher behoben. Wenn alles klappt sehen Sie die Suchergebnisse:

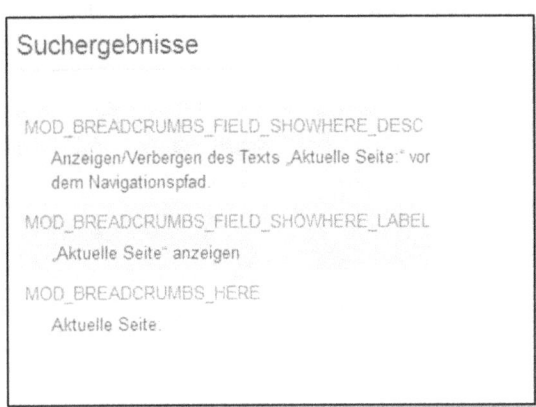

Abbildung 80: Die Suchergebnisse der Override-Suche

Sie sehen, dass es einige Sprachkonstanten gibt, die in Deutsch mit „Aktuelle Seite" übersetzt werden oder in Satzteile übersetzt werden, die auch diese beiden Wörter enthalten. 100% passend ist jedoch nur der Eintrag: „MOD_BREADCRUMBS_HERE". Tragen Sie also ganz oben diesen Term unter „Sprachkonstante" ein (viel cooler ist es, wenn Sie die Sprachkonstante in den Suchergebnissen mit der Maus markieren, sie wird dann automatisch nach übernommen!) und tragen Sie unter „Text" die gewünschte zukünftige Bezeichnung ein, z.B.: „Sie befinden Sie gerade hier:".

Speichern Sie und betrachten Sie das Frontend:

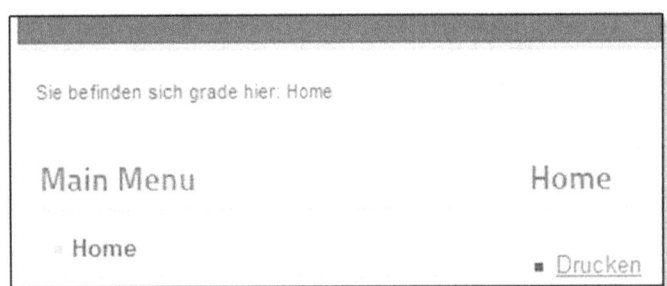

Abbildung 81: Der Override funktioniert!

Tatsächlich hat der Override funktioniert und Sie haben der Sprachkonstante eine andere deutsche Übersetzung zugewiesen. Da der Vorgang etwas kompliziert ist, sehen Sie sich unbedingt auch das Video dazu an.

Achtung! Für das Verständnis der Funktion ist es ganz wichtig zu verstehen, welche Wörter/Texte durch Ersetzen einer Sprachkonstante generiert werden und welche nicht.

Grundsätzlich ist es so, dass ALLE Textteile, auf die Sie irgendwie direkten Zugriff haben (Modultitel, Artikeltitel, Artikeltexte und so weiter) NICHT durch eine Sprachkonstante generiert werden, sondern durch den von Ihnen eigegebenen Text in Modulen, Komponenten oder Artikeln. Textteile, die durch Ersetzen von Sprachkonstanten entstehen, sind solche, auf die Sie normalerweise keinen Zugriff haben. Und wenn Sie auf der Suche nach einer Sprachkonstanten für ein oder mehrere Wörter kein vernünftiges Ergebnis in der Suchfunktion bekommen, dann liegt das meistens daran:

- Sie versuchen ein Wort im Backend ersetzen. Die Suchfunktion funktioniert aber (noch) nur für das Frontend.
- Sie versuchen eine Sprachkonstante für Textteile zu finden, die keine Sprachkonstante besitzen, sondern irgendwo von Ihnen direkt eingegeben werden können. Suchen Sie danach!

Beispiel: In obigem Screenshot lesen Sie „Main Menu". Dies ist der Titel des Menü-Moduls, das an dieser Stelle platziert ist. Diesen können Sie nicht ändern, indem Sie ein Override erstellen. Wenn Sie dies in die Suchfunktion des Overrides eingeben, bekommen Sie die Nachricht „Keinen passenden Text gefunden." Denn der Titel des Menüs wird nicht durch Zuweisung eines Textes zu einer Sprachkonstante generiert, sondern wird von Ihnen in der Detailansicht des betreffenden Moduls festgelegt. Klar? Die Zusammenhänge sind zugegebenermaßen nicht einfach zu verstehen, aber mit der Zeit werden Sie dahinter kommen.

14. Templates – das Design Ihrer Website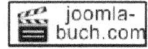

Templates bestimmen das Design Ihrer Website und bestehen ganz wesentlich aus der Programmsprache CSS (Cascading Style Sheets). Da ich es Ihnen versprochen habe (und in diesem Buch auch ganz klar eine Abgrenzung machen möchte), steige ich mit Ihnen nicht in Programmiertechnik ein, sondern behandele dieses Thema möglichst einfach.

Wichtig für Templates ist:

- Sie als Webmaster weisen Ihrer Webpräsenz ein Template zu und bestimmen damit das Aussehen.
- Der Kerninhalt jeder Joomla-Seite wird immer zentral im Template angezeigt.
- Jedes Template hat darüber hinaus verschiedene Modul-Positionen, in die Sie Module setzen können. Diese werden vom Entwickler des jeweiligen Templates programmiert und benannt. Dadurch gibt es keine Standardisierung und jedes Template verfügt über individuelle Positionen mit individuellen Bezeichnungen. Das erschwert den Wechsel von einem Template auf ein anderes für Sie teilweise erheblich (weiter unten mehr dazu).

Sehen Sie sich die Liste der verfügbaren Templates unter „Erweiterungen >> Templates" an:

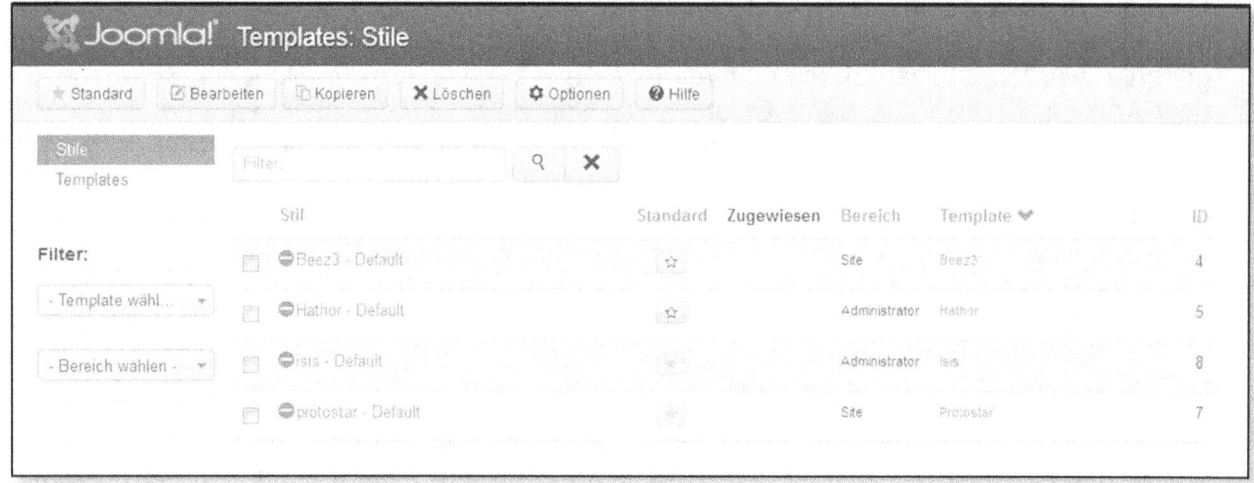

Abbildung 82: Die mitgelieferten Templates von Joomla

Sie erkennen eine Listenansicht wie aus vielen anderen Bereichen von Joomla. Für jedes Template erkennen Sie, ob es den Bereich des Backend („Administrator") oder den Bereich des Frontends („Site") gestaltet. Außerdem erkennen Sie in der Spalte „Standard", welches die beiden gerade aktiven Templates für Frontend und Backend sind. Beez3 ist zum Beispiel gerade im Frontend aktiv. Markieren Sie das Template „protostar" mittels Häkchen in der Checkbox ganz links in der Liste und klicken Sie auf „Standard" in der Funktionsleiste. Nun ist das Template „protostar" das Standard-Template für Ihr Frontend, erkennbar durch den ausgefüllten Stern in der Zeile des Templates. Sehen Sie sich die Auswirkungen auf das Frontend an:

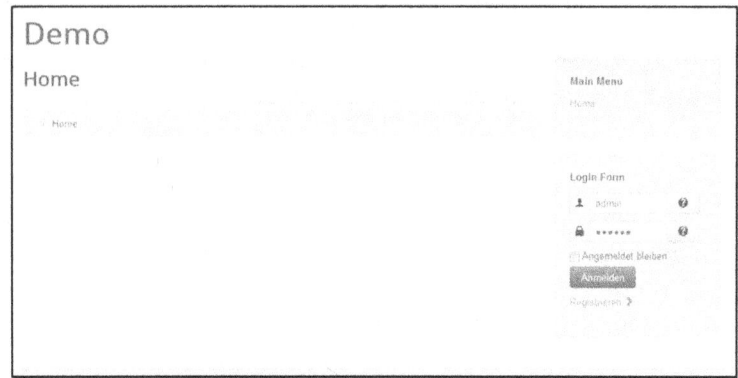

Abbildung 83: Ihre Website in komplett neuem Look

Sie sehen im Wesentlichen die gleichen Inhalte in der Einstellung mit dem anderen Template (und daher mit einem ganz neuen Design). Sie merken also: Das Template regelt das Aussehen Ihrer Website, hat aber mit den Inhalten wenig zu tun! Sie können also zwischen verschiedenen Templates nach Wunsch hin und her wechseln und mit wenigen Klicks das Aussehen Ihrer Website verändern, ohne dass sich an den Inhalten etwas ändert.

Übrigens können Sie auch für das Backend ein anderes Template einstellen. Probieren Sie das aus, indem Sie das Template „isis" als Standard festlegen. Legen Sie anschließen sowohl für Backend als auch Frontend wieder die ursprünglichen Templates fest.

Achtung: Erinnern Sie sich noch an die Modul-Positionen? Dazu hatte ich Ihnen erklärt, dass Sie einem Modul eine Position in einem Template zuweisen müssen, damit es irgendwo im Template erscheint. Allerdings habe ich Ihnen auch gesagt, dass die Modul-Positionen nicht standardisiert sind. Jedes Template hat also seine eigenen Positionen, die alle eigene Namen tragen. Das kann Probleme machen, denn: Sie haben alle Ihre Module der Modul-Position „position-7" zugewiesen.

Wenn Sie ein Template wechseln und Module einer Position zugewiesen sind, die es in dem neuen Template gar nicht mehr gibt (weil sie vom Programmierer dieses Templates nicht vorgesehen sind), dann werden diese Module nicht mehr zu sehen sein oder möglicherweise unkontrolliert verteilt sein. Denn Ihre Anweisung an Joomla: „Zeige Modul XY in Position Z" kann nicht mehr korrekt umgesetzt werden.

Um mehr über die Modulpositionen zu lernen, gehen Sie erneut in die Detailansicht des Moduls „Beliebte Artikel" und sehen Sie sich die verfügbaren Modul-Positionen genauer an:

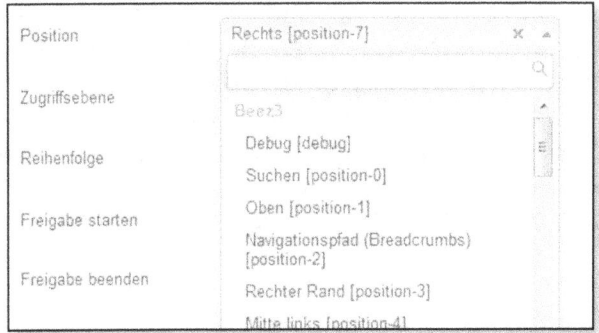

Abbildung 84: Sie erkennen die verfügbaren Positionen nach Templates geordnet.

Wenn Sie sich die Drop-Down-Liste unter „Position" anschauen, wird Ihnen vielleicht schon auffallen, dass dort auch wieder die Namen der für das Frontend installierten Templates auftauchen. Wenn nicht, gehen Sie kurz zur Listenansicht der Templates zurück.

Übung: Stellen Sie das Template Beez3 wieder als Standard-Template ein und geben dann dem Modul „Beliebte Artikel" nacheinander verschiedene Modul-Positionen und schauen Sie sich die Veränderung im Frontend an. Sie erkennen, dass Sie ganz vielfältige Methoden haben, Module auf Ihrer Website zu platzieren.

Joomla bietet Ihnen also für jedes Modul alle Modulpositionen der installierten Templates an und Sie müssen nur noch das Template heraussuchen, dass Sie verwenden wollen und sich dann entscheiden, welche der angebotenen Positionen für dieses Template Sie für das jeweilige Modul wählen wollen.

Tip: Weisen Sie dem Menü „Mein Menü" mal die Position „top" zu und Sie werden sehen, dass diese Position speziell für ein Hauptmenü Ihrer Website gedacht ist und das Menü sich dort wirklich gut macht!

Templates zuweisen

Bislang haben Sie Ihrer gesamten Webpräsenz mit allen Unterseiten immer ein Template zugewiesen, sodass alle Seiten Ihrer Webpräsenz das gleiche optische Erscheinungsbild hatten. Sie können aber auch mehrere Templates auf unterschiedlichen Seiten Ihrer Joomla-Webpräsenz nutzen, indem Sie für verschiedene Menüpunkte verschiedene Templates zuweisen. Das ist mit Joomla zwar möglich, aber ich empfehle es Ihnen eigentlich nicht. Besucher Ihrer Website werden dadurch möglicherweise verwirrt und wissen nicht mehr, auf welcher Seite sie sich eigentlich gerade befinden, denn wenn plötzlich ein ganz anderes Design im Browser auftaucht, glaubt man als Besucher einer Webseite leicht, dass man sich plötzlich auf einer ganz anderen Webseite befindet.

Und auch Sie werden vermutlich Ihre liebe Mühe damit haben, denn wenn Sie für einzelne Menüpunkte verschiedene Templates nutzen, dann bedeutet das auch, dass auf jeder Seite Ihrer Webpräsenz andere Modulpositionen gültig sind, und das kann dann leicht dazu führen, dass Sie den Überblick verlieren und wichtige Module auf einzelnen Seiten nicht mehr angezeigt werden.

Dennoch hier eine Kurzanleitung: Weisen Sie ein Template, wie Sie es gelernt haben, als „Standard" zu. Öffnen Sie dann ein anderes Template, das Sie einzelnen Menüpunkten zuweisen wollen, durch Anklicken des Namens in der Template-Übersicht. Im Reiter „Menüzuweisung" in der Detailansicht des Templates finden Sie eine Anzeige aller Menüs und Menüpunkte. Diese können Sie durch einfaches Auswählen von Check-Boxes so markieren, wie Sie es wollen. Für die markierten Menüpunkte wird dann nicht mehr das „Standard"-Template angezeigt, sondern das speziell dafür ausgewählte. Probieren Sie das aus, indem Sie dem Menüpunkt „Mein Menüpunkt" das Template protostar zuweisen und sich die Auswirkungen im Frontend ansehen.

Templates verändern/anpassen

Ohne Kenntnisse im Programmieren von CSS bleiben Ihnen an Einflussmöglichkeiten auf das Aussehen des Templates nur die Möglichkeiten, die der Entwickler Ihnen bietet. Das sind nicht viele, aber die sollten Sie kennen.

In der Detailansicht des „Beez3"-Templates im Backend finden Sie die Reiter „Optionen":

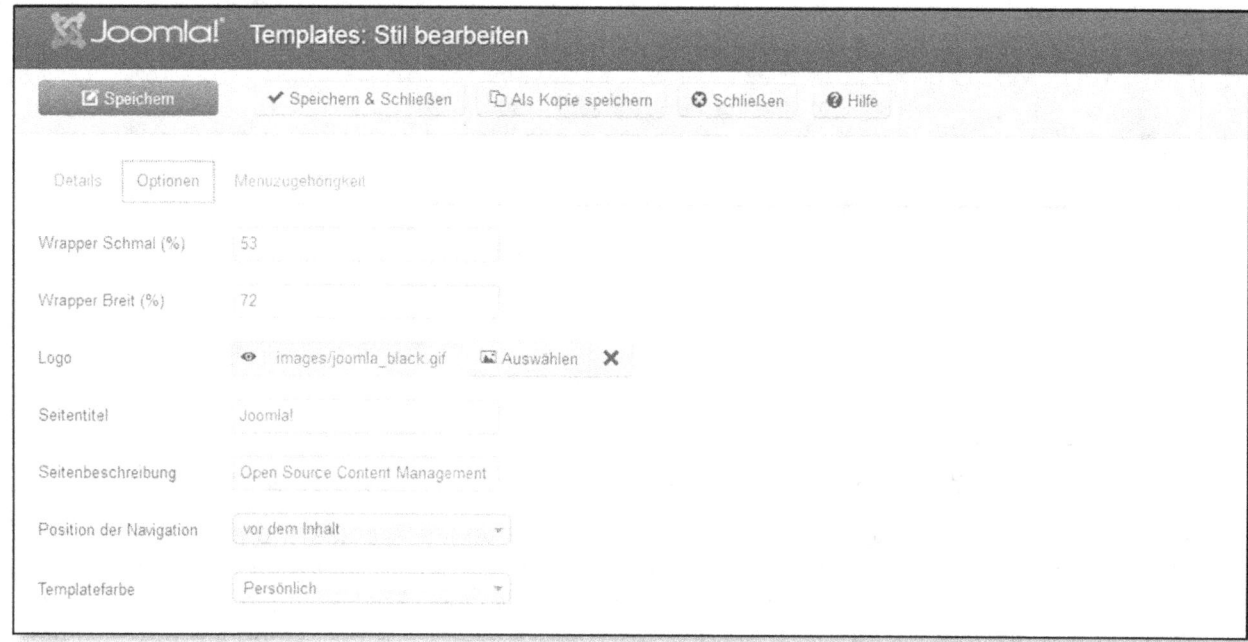

Abbildung 85: Die Optionen des Templates Beez3

Sie sehen, dass Sie verschiedene Möglichkeiten haben, das Template zu verändern. Letztendlich ist auch das nicht standardisiert, d.h. jedes Template bringt ganz unterschiedliche Optionen mit. Sehen Sie sich daher bei jedem Template die Optionen gut an, um tatsächlich alles aus dem verwendeten Template herausholen zu können. Spielen Sie jetzt ein wenig mit den Optionen herum. Beachten Sie dabei aber, dass Sie die Eigenschaften „Wrapper" aktuell nicht brauchen und diese auch für Ihre aktuelle Website keine Auswirkungen haben. Ändern Sie aber gerne mal die anderen Parameter, insbesondere „Position der Navigation" und „Templatefarbe", um die Möglichkeiten kennenzulernen.

Klicken Sie auf den Button „Auswählen" und verwenden Sie eine andere Grafik als Logo. Wenn Sie möchten, können Sie auch eine eigene hochladen und verwenden. Außerdem geben Sie unter „Seitenbeschreibung" einen anderen Satz ein. Sehen Sie sich die Veränderungen im Frontend an.

Sie können auch das blaue Hintergrund-Banner verändern. Allerdings geht das nicht über die „Optionen". Um dieses Banner zu ändern, müssen Sie wissen, woher Joomla in bezieht: Er ist als Grafik mit dem Format 1060 x 288 Pixel unter dem Namen „personal2.png" im Ordner „/templates/beez_3/images/personal/" Ihrer Joomla-Installation gespeichert (solange Sie in den Template-Optionen als Farbe „Persönlich" ausgewählt haben!). Sie können ihn verändern, indem Sie eine Grafik mit dem gleichen Format erstellen (ansonsten wird sie eventuell verzogen, Sie können aber auch ein anderes Format ausprobieren) und unter diesem Namen mittels FTP in dem genannten Ordner abspeichern (das ursprüngliche Banner sollten Sie dann irgendwo als Sicherungskopie aufbewahren). Zur Erstellung solcher Grafiken eignet sich z.B. Adobe Photoshop sehr gut. Alternativ können Sie das kostenfreie Grafiktool unter www.pixlr.com verwenden. Dann könnte Ihre Website so aussehen:

Abbildung 86: Statt des Standard-Banners habe ich eine hässliche Grafik eingefügt

Letztendlich sind Ihren Ideen keine Grenzen gesetzt. Jedes Template bringt seine eigenen Einstellungen und Designs mit, Sie müssen individuell anpassen und ändern, wenn Sie neue Templates installieren und verwenden. Beachten Sie für „Beez3" auch noch die Option „Position der Navigation" und „Template-Farbe". Insbesondere die Template-Farbe „Natur" macht das Template zu einer sehr guten Grundlage für Ihre erste Website! Probieren Sie es aus und sehen Sie sich das Ergebnis im Frontend an.

Quellen für Templates

Joomla bringt ja ein paar wenige Templates mit, aber auf Dauer werden Sie damit nicht auskommen. Auf www.joomla-lernen.de finden Sie einige kostenlose und sehr schön anzusehende Templates für Joomla 2.5 und auch welche für Joomla 3.0, sobald die Template-Entwickler ihre Produkte an Joomla 3.0 angepasst haben.

Auf der Website http://www.joomlaos.de finden Sie außerdem eine Template-Bibliothek mit einer Fülle von kostenlosen Templates. Natürlich sind diese mitunter nicht ganz so gut aussehend wie professionelle und für Geld erhältliche Templates. Wenn Sie ein bisschen Geld (ca. 30-50 Euro) investieren, dann bekommen Sie richtig „heiße" Templates bei den Firmen „Rockettheme" und „Yootheme" und einer ganzen Reihe anderer, die Sie im Internet finden, wenn Sie nach „Joomla Template" googeln.

15. Allgemeine Einstellungen

Hinweis: Dieses Buch ist ausdrücklich für den Start mit Joomla geschrieben und für Nutzer, die den einfachen, unkomplizierten Umgang und ein preiswertes Buch schätzen. Eine ausführliche Darstellung der Einstellungsmöglichkeiten würde etwa 15-20 Seiten füllen und wäre dem vorliegenden Buch nicht angemessen. Daher verzichte ich darauf und gehe nur die wesentlichen Funktionen durch. Wenn Sie mehr über einzelne Funktionen wissen wollen, finden Sie in Joomla gute Tooltips und ausführliche Artikel auf www.Joomla-Lernen.de. Aber ich kann Ihnen versichern, dass ich persönlich während meiner ersten Jahre mit Joomla allenfalls (wenn überhaupt) die Optionen der Konfiguration nutzen musste, die ich Ihnen im Folgenden erläutere.

Über den Menüpunkt „System >> Konfiguration" gelangen Sie zu den allgemeinen Einstellungen Ihrer Joomla-Webpräsenz. Klicken Sie auf „Site":

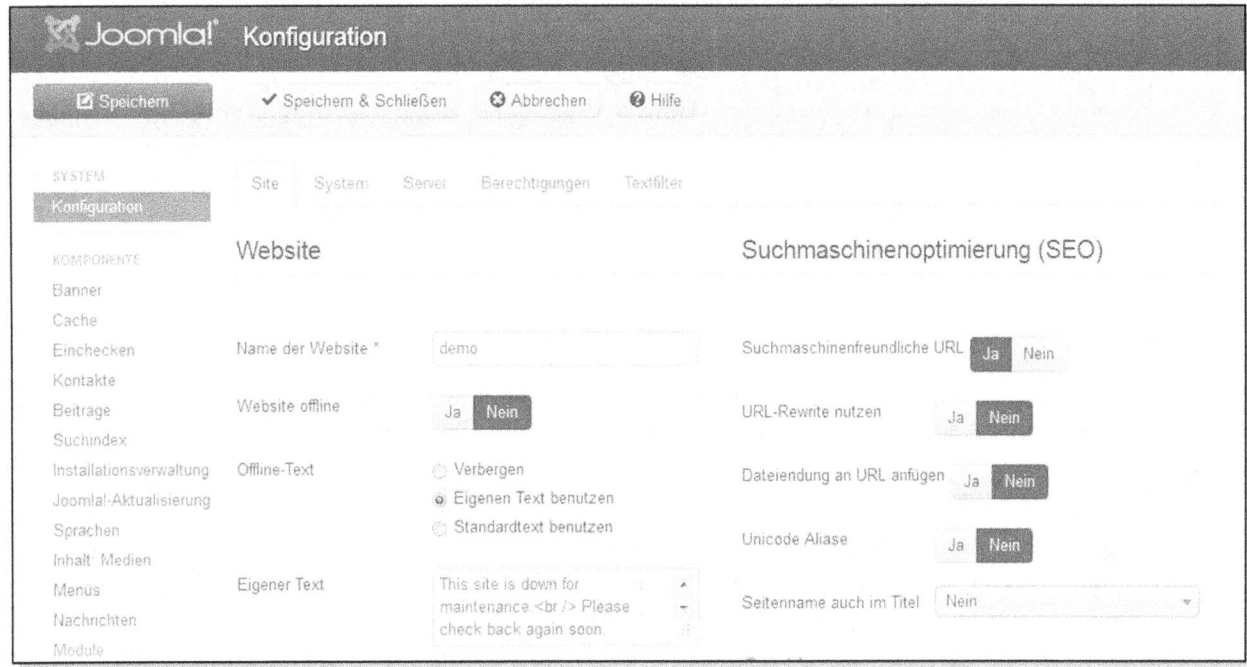

Abbildung 87: Seiten-Konfiguration

Sehen Sie sich die Parameter unter „Website" an:
- Name der Website: Den haben Sie bereits während der Installation festgelegt. Aus Gründen der Suchmaschinen-Optimierung sollten Sie einen Text mit bis zu 80 Zeichen wählen, der für Sie wichtige Keywords enthält.
- Website offline: Entscheiden Sie, ob das Frontend der Website erreichbar sein soll. Wenn Sie die Option auf „Ja" setzen, wird statt dem Frontend eine Wartungs-Information angezeigt. Nutzen Sie das, während Sie substanzielle Arbeiten an der Website ausführen und diese vorübergehend vor der Öffentlichkeit verbergen wollen. Nur Nutzer mit der Berechtigung „Offline-Zugang" können sich dann noch einloggen und das Frontend ansehen. Probieren Sie das gleich einmal aus: Setzen Sie die Option „Website offline" auf „Ja" und klicken Sie auf „Vorschau".
- Offline-Text: Wählen Sie, welcher Text auf der Wartungsseite angezeigt werden soll. Im Textfeld können sie einen HTML-Text eingeben. Wenn Sie selbst kein HTML beherrschen, schreiben Sie einfach den gewünschten Text mit dem Texteditor für die Bearbeitung von Artikeln und lassen sich diesen dann im HTML-Format anzeigen, indem Sie auf den „HTML"-Button klicken. Kopieren Sie den Text dann und fügen Sie ihn hier ein. Mit „Offline-Bild" können Sie auch noch festlegen, ob Sie auf der Offline-Seite eventuell das Logo Ihrer Website zeigen wollen o.Ä.

- Zugriffsebene: Setzen Sie fest, welcher Zugriffsebene neue Inhalte der Website standardmäßig zugerechnet werden. Wenn Sie neue Inhalte zunächst nur registrierten Nutzern zugänglich machen wollen, dann setzen Sie dies z.B. auf „Registriert".

Weiter rechts finden Sie Optionen zur „Suchmaschinen-Optimierung (SEO)": Hinweise dazu finden Sie im Kapitel „Suchmaschinen-Optimierung".

Den Reiter „System" können Sie sich kurz ansehen, Veränderungen brauchen Sie dort jedoch nicht vorzunehmen, Joomla funktioniert mit den Voreinstellungen prächtig. Ähnliches gilt für die Einstellungen unter dem Reiter „Server". Dort finden Sie einige Angaben wieder, die Sie während der Installation machen mussten, z.B. die Zugangsdaten zur MySQL-Datenbank. Ändern Sie nichts an diesen Einstellungen, da sonst möglicherweise wesentliche Funktionen beschädigt werden.

Wartung

Im Kontrollzentrum des Backends finden Sie links im Menü „System" verschiedene Menüpunkte, die zur sogenannten „Wartung" gehören und die Sie eventuell brauchen:

Globales Einchecken: Wenn ein Content-Element, z.B. ein Artikel, gerade von jemandem bearbeitet wird, dann ist dieser „ausgecheckt". Das äußert sich durch das Anzeigen des Symbols „Vorhängeschloss" neben diesem Content-Element im Backend in der Übersichtsliste des jeweiligen Content-Elements, z.B. in der Übersichtsliste aller Artikel. Das hat den Sinn, dass nicht mehrere Nutzer gleichzeitig an einem Element arbeiten und es dann Probleme beim Abspeichern gibt. Daher können andere Nutzer ausgecheckte Elemente nicht bearbeiten. Manchmal kommt es aber vor, dass Elemente ausgecheckt bleiben, obwohl niemand mehr daran arbeitet. Das kann passieren, wenn jemand z.B. einen Artikel öffnet, um ihn zu bearbeiten, und dann das Browserfenster schließt, ohne die Bearbeitung zu beenden durch Anklicken eines Buttons, der die Bearbeitung mit „Schließen" beendet. Dieser Artikel bleibt dann ausgecheckt. Sie können als Super-Administrator diesen Beitrag in der Übersichtsliste im Backend markieren und den Button „Einchecken" der Funktionsleiste verwenden, um den Artikel wieder zur Bearbeitung freizugeben. Oder Sie nutzen die Funktion „Globales Einchecken", um alle ausgecheckten Elemente mit einem Klick wieder freizugeben.

Cache leeren: Joomla speichert aufgerufene Seiten in einem Zwischenspeicher auf dem Server ab, wenn Sie diese Funktion unter „System >> Konfiguration >> System" aktivieren. Wird diese Seite dann innerhalb kurzer Zeit noch einmal (z.B. durch einen anderen Besucher der Seite) aufgerufen, dann kann Joomla die gespeicherte Kopie aus dem Zwischenspeicher anzeigen. Das geht etwas schneller, als die betreffende Seite wieder ganz neu zusammenzustellen und anzuzeigen. Joomla spart dadurch also Zeit. Allerdings kann es auch vorkommen, dass die im Zwischenspeicher enthaltene Kopie nicht ganz aktuell ist – zum Beispiel, wenn Sie gerade Veränderungen an der Seite vornehmen. Um für diese Fälle alle gespeicherten Seiten aus dem Zwischenspeicher zu entfernen, nutzen Sie die Funktion „Cache leeren". Das müssen Sie aber wirklich nur selten tun, nämlich wenn Sie gerade Dinge verändert haben und diese betrachten wollen, da Joomla von sich aus alle 15 Minuten alle gespeicherten Kopien löscht (die Zeitspanne können Sie auch selbst einstellen unter „System >> Konfiguration >> System: Zwischenspeicher (Cache)".

16. Suchmaschinen-Optimierung

Das Wort ist in Aller Munde und das mit Recht, denn:

Suchmaschinen-Optimierung entscheidet zu mindestens 75% über den Erfolg Ihrer Website!

Denn: Ohne Suchmaschinen-Optimierung (SEO, Search Engine Optimization) wird kaum ein Nutzer den Weg auf Ihre Website finden und dann können Sie sich noch so anstrengen und eine tolle Webpräsenz erstellen. Leider wird das niemand bemerken. Außer Sie holen sich die Besucher durch Werbung, aber das ist kostspielig und für eine private Joomla-Website wohl nicht zu realisieren – aber m.E. auch nicht nötig, wenn Sie das Handwerkszeug der Suchmaschinen-Optimierung beherrschen.

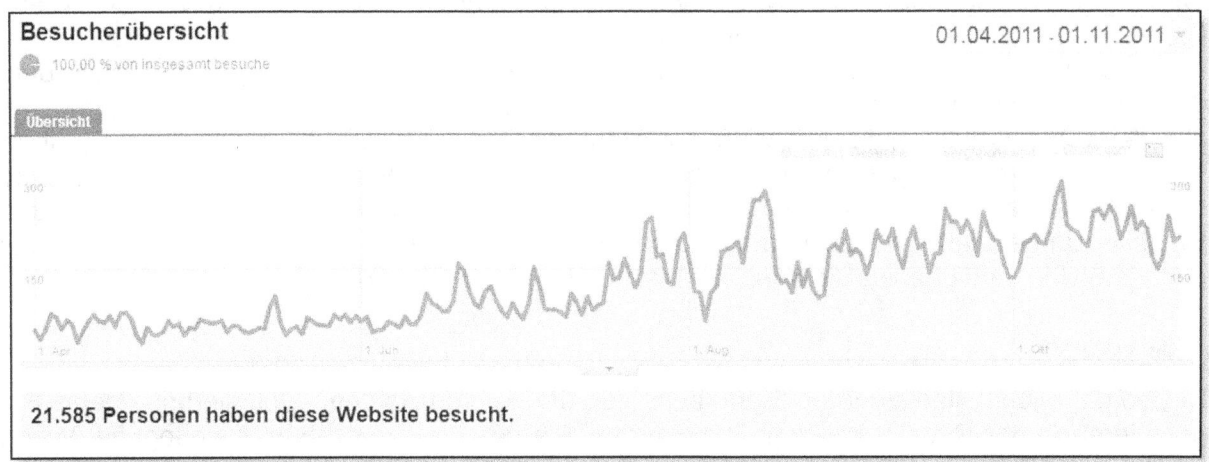

Abbildung 88: Erfolgreiches SEO (Screenshot aus Google Analytics) mit einer Statistik der täglichen Besucherzahlen einer Website

Und außerdem gilt leider: Suchmaschinen-Optimierung kostet viel Zeit, wenn Sie erfolgreich sein wollen!

Denn: Bei Google und Co. findet ein globales Rennen um die vorderen Plätze in den Suchergebnissen (SERPs) statt. Jeder kann mitmachen, jeder will vorne sein. Das hat meistens wirtschaftliche Interessen, denn wer im Internet mit einer Website Geld verdienen will, der braucht dringend möglichst viele Besucher, die auf Werbebanner klicken oder Dinge in einem Online-Shop kaufen. Und man weiß: Etwa 70-80% der Nutzer, die eine Suche über eine Suchmaschine ausführen, klicken auf den obersten Eintrag in den Suchergebnissen.

Wenn Sie die Pole-Position in den Suchergebnissen zu einer bestimmten Suchabfrage haben wollen, dann müssen Sie besser sein als eine ganze Armee von Konkurrenten. Und man kann dicke Wälzer über die Suchmaschinen-Optimierung schreiben. Ich möchte Ihnen ein paar essentielle Dinge mit auf den Weg geben, und wenn Sie weiterhin Interesse an der Suchmaschinen-Optimierung haben, dann melden Sie sich doch für den Newsletter auf http://www.joomla-lernen.de an, dort biete ich immer wieder aktuelle Informationen und Tipps dazu an.

Begriffsklärung: Suchmaschinen-Optimierung

Suchmaschinen-Optimierung ist die Anpassung einer Webpräsenz an die Analyse-Algorithmen der Suchmaschinen, um letztendlich mit der optimierten Website eine möglichst gute Position in den Suchergebnissen zu einem bestimmten Suchwort (Keyword) zu erreichen. Und damit natürlich mehr Besucher auf die eigene Website zu bekommen.

Begriffsklärung: Crawler/Robots

Die Suchmaschinen analysieren alle Websites, die sie im Internet finden, und machen eine Qualitätsanalyse. Um das zu bewerkstelligen, müssen die Suchmaschinen alle Websites erfassen und speichern. Dies tun sie mit Hilfe kleiner Programme, die nichts anderes tun, als das Internet zu durchwandern und Websites zu speichern und zu analysieren. Diese Programme werden als Crawler oder Robots („Bots") bezeichnet. Sie locken die Robots der Suchmaschinen z.B. auf Ihre Website, indem diese Programme irgendwo einen Link finden, der auf Ihre Website verweist. Da dies mitunter nicht so einfach ist, biete ich Ihnen auf http://www.joomla-lernen.de eine einfache Möglichkeit. Sie können dort einen Link zu Ihrer Website platzieren. Solange Ihre Website mit Joomla erstellt wurde, werden Sie in die Liste der Links aufgenommen und bald wird eine Suchmaschine durch diesen Link auf Ihre neue Website aufmerksam werden und Sie dann immer wieder besuchen, um Ihre Website zu erfassen. Und damit haben Sie dann auch schon den ersten Backlink (siehe unten)!

Keywords

Keywords haben eine zentrale Bedeutung für die Suchmaschinen-Optimierung, denn Sie optimieren in der Regel immer mit Blick auf für Sie besonders wichtige Suchbegriffe. Wenn Sie einen Wein-Handel über das Internet betreiben, werden für Sie wichtige Keywords solche Wörter sein wie „Wein", „Wein-Shop" oder „Rotwein kaufen". Der erste Schritt der Suchmaschinen-Optimierung ist daher die Identifikation wichtiger Keywords. Das können Sie in einer Art „Brainstorming" machen, indem Sie Ihre Einfälle aufschreiben (bei welcher Suche sollte der Suchende Ihre Website finden?). Sie sollten aber auch den Dienst von Google in Anspruch nehmen, um nachzuschauen, welche Keywords tatsächlich von Nutzern für Suchanfragen bei Google genutzt werden. Dazu gehen Sie zum Google Keyword Tool:
https://adwords.google.com/select/KeywordToolExternal

Geben Sie dort die von Ihnen favorisierten Begriffe ein und sehen Sie sich an, wie oft diese von Benutzern verwendet werden. Außerdem erhalten Sie eine Liste von Keywords, die zu Ihrem Keyword verwandte Begriffe und deren Häufigkeit in den Suchanfragen anzeigt. Dadurch erhalten Sie fast immer weitere wichtige Keywords – denn wenn diese Wörter oft von Suchenden verwendet werden, sollten Sie diese auch bei der Optimierung Ihrer Website nutzen.

Joomla-SEO-Tools

Übrigens gibt es bei Joomla verschiedene, mehr oder weniger gute Tools für die Suchmaschinen-Optimierung. Viele der kostenlosen Tools beschäftigen sich damit, die SEO Ihrer Website automatisiert „abzuarbeiten". Lassen Sie davon die Finger. Suchmaschinen reagieren allergisch auf alles, was stereotyp generiert wurde und damit oft mehrfach vorkommt. Außerdem verlieren Sie so die Kontrolle darüber und dafür sind insbesondere die

Meta-Angaben und ganz besonders der Seitentitel zu wichtig. Wenn Sie sich anhaltend um die Suchmaschinen-Optimierung Ihrer Joomla-Webpräsenz bemühen wollen, dann empfehle ich Ihnen die Komponente RSSEO, die es für etwa 50-100 Euro (wechselnde Rabatte und Lizenzen) zu kaufen gibt. Ein Blick lohnt sich, denn die Komponente nimmt Ihnen zum Teil etwas Arbeit ab und hilft Ihnen, einen besseren Überblick zu behalten. Ob der Kauf für eine einzelne Website lohnt, sei dahingestellt, aber wenn Sie mehrere Websites betreiben, dann lohnt es sich auf jeden Fall! Alternativ ist EFSEO zu empfehlen. Mehr dazu weiter unten. Jetzt aber zur SEO-Praxis:

Die URL

Besonders wichtig für die Suchmaschinen-Optimierung ist die URL Ihrer Website. Wenn Sie die Suchmaschinen davon überzeugen wollen, dass Ihre Website für ein bestimmtes Suchwort besonders relevant ist, dann müssen Sie dieses Suchwort in den URLs Ihrer Webpräsenz platzieren. Das geschieht am wirkungsvollsten, indem Sie eine passende Domain haben.

Möchten Sie eine Website zum Weinverkauf betreiben, dann sollten Sie Domainnamen wie „Weinverkauf.de" oder „Wein-Verkauf.de" oder „Wein-Shop.de" betreiben. Beachten Sie dabei, dass die Endung der Domain (also hier „.de") unwichtig ist. Sie können auch „.com", „.info" oder was auch immer wählen. Den Suchmaschinen ist das tendenziell egal. Einzig der menschliche Betrachter könnte etwas mehr dazu tendieren, auf eine „.de"-Domain zu klicken, als beispielsweise auf eine „.uk.co"-Domain, da er auf einer „.de"-Domain eher sinnvolle Inhalte vermutet. Konzentrieren Sie sich also eher auf „gängige" Domainendungen.

Weiterhin sollte das Suchwort bestenfalls auch in dem Teil der URL auftauchen, der nach der Domain folgt – das gilt natürlich nur für Unterseiten Ihrer Webpräsenz, die überhaupt eine URL länger als der pure Domain-Namen haben. Eine „normale" URL, die von Joomla generiert wurde, sieht ungefähr so aus:

http://IhreDomain.de/index.php?option=com_content&view=article&id=53&Itemid=280

Da wird jeder Suchmaschine schlecht! Und auch menschliche Nutzer können sich diese URL weder merken noch fehlerfrei aufschreiben. Daher gibt es bei Joomla das Feature der „Suchmaschinenfreundlichen URL". Dieses finden Sie im Backend-Menü unter „System >> Konfiguration":

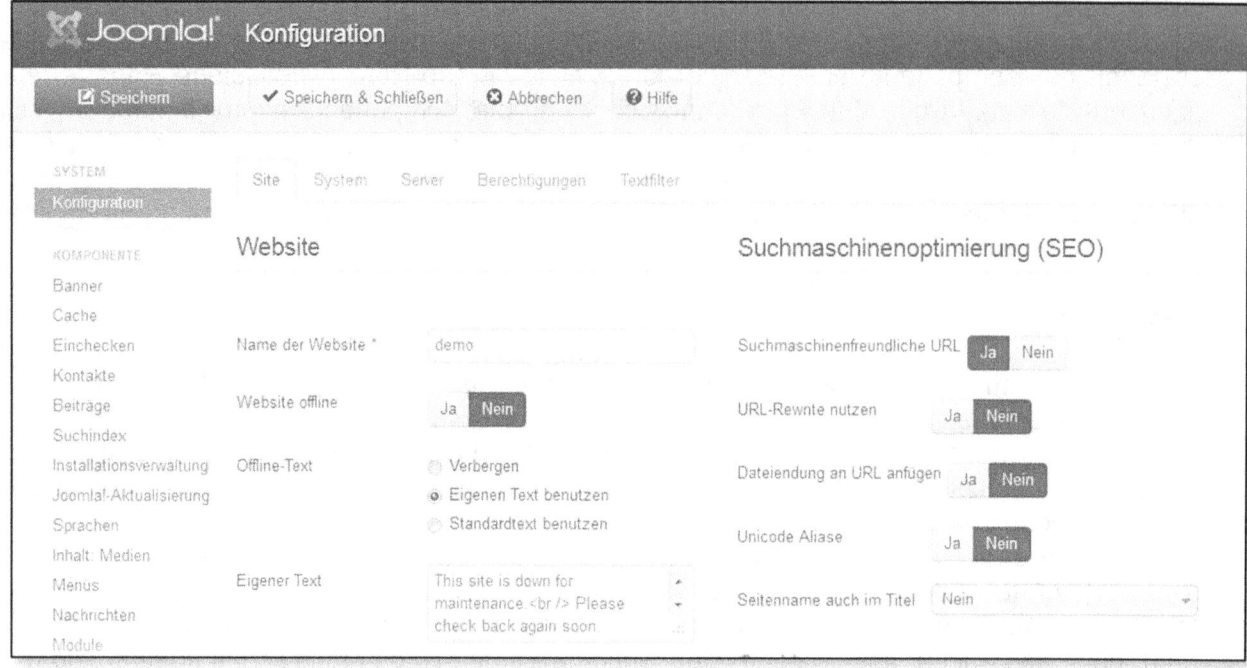

Abbildung 89: Rechts im Bild die Suchmaschinen-Optimierung

Mittlerweile standardmäßig aktiviert ist die Option der „Suchmaschinenfreundlichen URL". Diese macht aus der oben zitierten URL dann folgendes: http://IhreDomain/index.php/menüpunkt-alias

Der letzte Teil der URL ist der Alias des Menüpunktes, über den die betreffende Seite betreten wird. Dieses sollten Sie also so gestalten, dass es Suchmaschinen-relevante Begriffe enthält. Und das gilt eigentlich für alle „Aliase", also auch die von Artikeln, Kategorien etc., denn auch diese „Aliase" sind teilweise in den URLs zu sehen.

Die URL ist aber immer noch nicht so ganz hübsch. Den Teil „index.php" können Sie noch eliminieren, indem Sie die Option „URL-Rewrite nutzen" auf „Ja" stellen. Dafür müssen Sie allerdings dann die Datei „htaccess.txt", die sich im Wurzelverzeichnis Ihrer Joomla-Installation befindet, in „.htaccess" umbenennen[12]. Denn dann wird jede URL durch eine Funktion des Webservers umgeschrieben und optimiert. Wenn Sie das getan haben, sieht die URL Ihrer Website so aus: http://IhreDomain/menüpunkt-alias.

Sollte das nicht funktionieren, prüfen Sie bitte, ob Sie die Datei korrekt umbenannt haben und löschen Sie den temporären Speicher Ihres Webbrowsers. Dieser könnte sonst noch eine nach Ihrer Änderung ungültig gewordene Kopie Ihrer Website gespeichert haben. Weiterhin löschen Sie den Cache Ihrer Joomla Installation im Backend-Menü unter „System >> Cache leeren". Belassen Sie sonst alle Einstellungen.

---

[12] Liegt Ihre Joomla-Installation auf einem IIS-7-Server (was selten vorkommen dürfte), dann benennen Sie die Datei „web.config.txt" in „web.config" um.

Die Meta-Daten/Meta-Tags: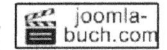

Meta-Daten sind Angaben zu einer Website, die nicht unbedingt im Frontend zu sehen sind, sondern sich im Quell-Code einer Website verbergen. Menschliche Nutzer nehmen Sie nur selten wahr, während die Crawler/Robots der Suchmaschinen diese Daten erfassen und ein nicht gerade geringer Teil der Bewertung einer Website darauf basiert (und diese Angaben werden auch in den Suchergebnissen präsentiert, siehe unten). Sie müssen sich also auf jeden Fall mit diesen Meta-Daten auseinandersetzen und diese möglichst für jede einzelne Seite Ihrer Joomla-Webpräsenz einzeln pflegen und sinnvoll gestalten. Die wichtigsten Meta-Daten sind:

- Der Title-Tag
- Der Description-Tag
- (Der Keyword-Tag)

Dass die Suchmaschinen diese Angaben für wichtig halten, sehen Sie, wenn Sie das Suchergebnis einer Google-Suche betrachten. Dort finden sich Title- und Description-Tag wieder:

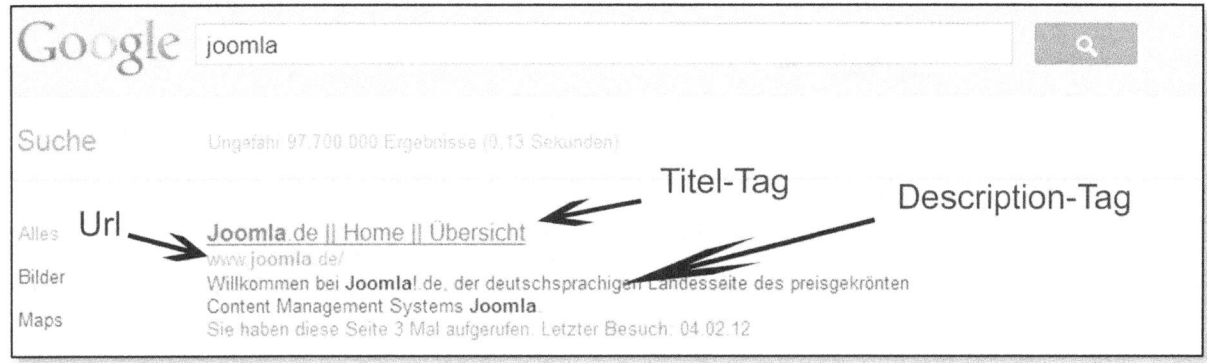

Abbildung 90: Title-Tag und Description-Tag fließen direkt in das Suchergebnis ein und sind sehr wichtig

Leider bietet Ihnen Joomla nur einen etwas umständlichen Zugriff auf diese Meta-Daten. Ich beschreibe die drei oben genannten Meta-Tags etwas genauer. Es gibt darüber hinaus noch eine Fülle anderer Tags, aber die brauchen Sie nur, wenn Sie ein echter SEO-Profi werden wollen.

Der Seiten-Titel/der Titel-Tag

Jede Seite hat einen Seiten-Titel. Diesen finden Sie bei den herkömmlichen Browsern ganz oben, meistens neben dem Symbol des Browsers. Rufen Sie zum Beispiel die Startseite Ihrer Joomla-Webpräsenz (also das Frontend) auf, dann steht oben im Browser „Home":

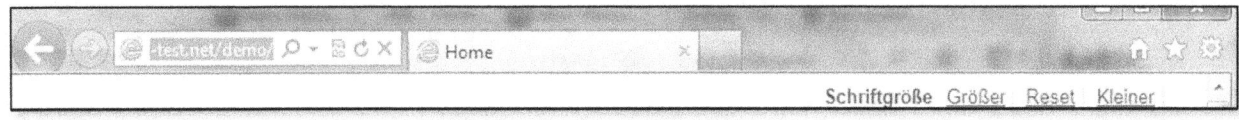

Abbildung 91: Der Seitentitel vom Menüpunkt übernommen

Klicken Sie jetzt mal auf Ihren Menüpunkt „Mein Menüpunkt":

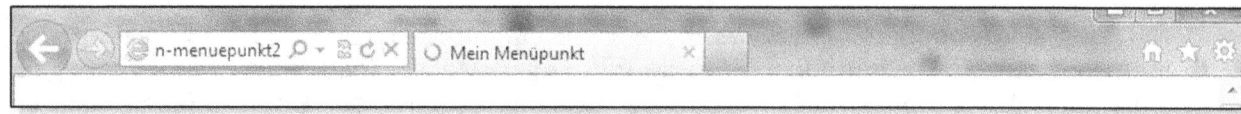

Abbildung 92: Der Seitentitel wieder entsprechend dem Namen des Menüpunktes

Sie können den Seiten-Titel auch im Quelltext jeder Seite einsehen, wenn Sie den Mauszeiger auf der Seite positionieren und dann einen Rechtsklick ausführen. In dem sich dann öffnenden Menü gibt es bei allen gängigen Browsern den Punkt „Quelltext ansehen". Dort finden Sie im oberen Teil des Quelltextes die Meta-Tags:

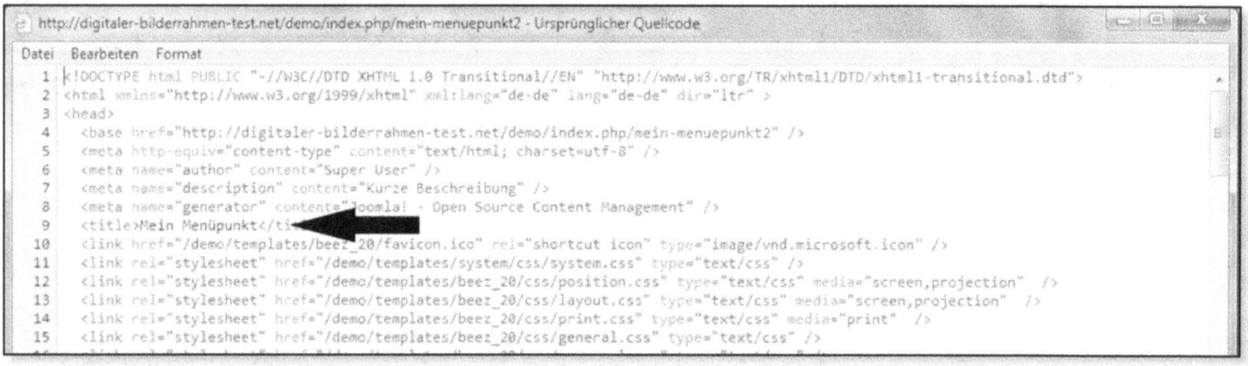

Abbildung 93: Der Title und andere Meta-Tags im Quellcode

In Joomla wird der Title-Tag in der Regel ebenfalls durch den Namen des zu dieser Seite führenden Menüpunktes bestimmt, außer Sie ändern den Titel der betreffenden Webseite.

Das tun Sie, indem Sie in die Detailansicht des betreffenden Menüpunktes im Backend gehen. Tun Sie das für den Menüpunkt „Mein Menüpunkt". Öffnen Sie den Reiter „Erweiterte Optionen" und scrollen Sie nach unten, bis Sie den Link „Seitenanzeigeoptionen" sehen. Klicken Sie darauf (Abbildung 94).

Der Titel-Tag ist laut einer Umfrage unter SEO-Profis aus dem letzten Jahr der wichtigste Faktor, den Sie an einer Website für die SEO bearbeiten müssen. D.h.: Bringen Sie Ihre wichtigsten Keywords im Title-Tag unter. Schreiben Sie für jede Seite einen eigenen Title-Tag, es sollten keine doppelten vorkommen. Ähnlich dürfen sie natürlich sein. Verwenden Sie maximal 70 Zeichen.

Da Sie aber natürlich nicht Ihre gesamten Menüpunkte nur im Hinblick auf den Title-Tag benennen können, gibt es in Joomla auch die Möglichkeit, den Title-Tag einer Seite anders einzugeben. Denn in der Detailansicht eines jeden Menüpunkts finden Sie den Reiter „Seitenanzeigeoptionen":

Abbildung 94: Legen Sie den Title-Tag der jeweiligen Seite mit „Seitentitel im Browserfenster" fest

D.h. Sie klicken sich durch alle Menüpunkte und legen jeweils einen passenden Title-Tag fest. Alternativ nutzen Sie das kostenpflichtige Tool „RSSEO" oder das kostenlose Tool „EFSEO", die beide etwas weiter hinten in diesem Kapitel erläutert werden.

Packen Sie also ein paar Keywords in die Title-Tags, etwa so:
- „Wein Verkauf | Rotwein aus Frankreich im Angebot", oder
- „Spanischer Rotwein | Angebote und Wein-Vergleich", oder
- „Wein-Angebote | Qualität und Preisvergleich"

Mit diesen Title-Tags optimieren Sie in diesem Fall besonders für „Wein Verkauf", „Spanischer Rotwein" und „Wein-Angebote" sowie etwas weniger stark für die Begriffe, die etwas weiter hinten im Title-Tag stehen. Und als Vergleich: Führen Sie doch einmal eine Suche bei Google durch mit einem beliebigen Wort: Sie werden sehen, dass viele der vorderen Platzierungen die von Ihnen gesuchten Wörter sowohl in der URL als auch weit vorne im Title-Tag tragen.

Der Description-Tag

Der Description-Tag ist eine kurze Beschreibung Ihrer Website. Wie Sie weiter oben gesehen haben, taucht diese kurze Beschreibung auch in den Suchergebnissen auf. Allerdings ist sie nirgendwo direkt auf Ihrer Website im Frontend zu lesen, sondern geht aus dem Quellcode hervor. Achtung: Diese Angabe wird NICHT von den Suchmaschinen dazu verwendet, Ihre Website zu beurteilen! D.h. Sie brauchen keinerlei Anstrengungen zu unternehmen, die Description-Tags Ihrer Seiten mit Ihren Keywords vollzustopfen. Diese Angaben sind lediglich dazu da, Ihre Website in den Suchergebnissen zu beschreiben, d.h. sie sind für den menschlichen Nutzer! Gestalten Sie die Description-Tags daher interessant und wecken Sie die Neugier des suchenden Surfers, damit er auf Ihre Website kommt. Psychologische Experimente der Universität Barcelona haben ergeben, dass viele Nutzer den Inhalt des Description-Tags in den Suchergebnissen lesen und in ihre Entscheidung, welches Ergebnis sie anklicken, mit einfließen lassen. Verwenden Sie keinesfalls ein Tool, das automatische Description-Tags erstellt! Es gibt zwei Möglichkeiten:

Öffnen Sie die Detailansicht (Reiter: „Erweiterte Optionen") von jedem Menüpunkt und klicken Sie auf den Link „Metadatenoptionen" auf der linken Seite:

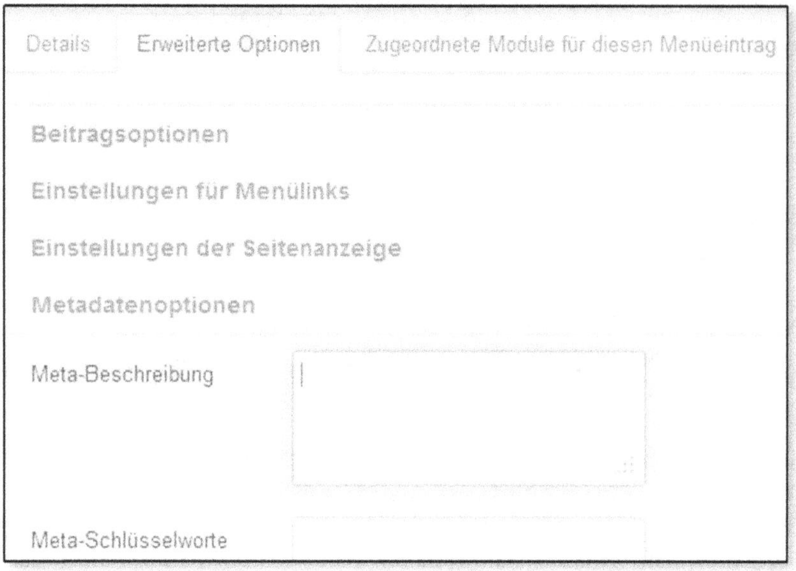

Abbildung 95: Geben Sie oben den Description-Tag ein

Alternativ nutzen Sie „RSSEO" oder „EFSEO" für diese Tätigkeit (siehe unten).

Das Keyword-Tag

Vergessen Sie dieses Tag! Es hat heutzutage nichts mehr mit Suchmaschinen-Optimierung zu tun. Früher einmal war es dazu gedacht, dass man dort die Suchwörter eingeben könnte, zu denen man gerne in einer Google-Suche gefunden werden wollte. Aber das funktioniert leider absolut nicht und wäre wirklich auch etwas zu einfach!

Generator-Tag

Dieser Tag hat keine SEO-Funktion. Es zeigt im Quelltext einer Seite einfach nur an, wer die Website erstellt hat. Für eine Joomla-Website lautet der Inhalt des Tags „Joomla – Open Source Content Management". Seit Joomla 2.5.4 können Sie zusätzlich auch noch die Version von Joomla anzeigen, die Sie verwenden. Aber Vorsicht! Lassen Sie das lieber, denn das geht niemanden etwas an. Gehen Sie sicher, dass die Option „Joomla!-Version anzeigen" im Kontrollzentrum unter „System >> Konfiguration" unter „Globale Metadaten" auf „Nein" steht.

SEO-Strategie: „Content is King!"

Mit diesem weit verbreiteten Spruch kann man einen zentralen Aspekt der Suchmaschinen-Optimierung auf den Punkt bringen: Bieten Sie bessere Infos und besseren Inhalt als die anderen! Denn: Suchmaschinen haben ganz klar das Ziel, dem suchenden Nutzer ein „gutes" Ergebnis zu präsentieren. Denn: Nur die Suchmaschine, die Ihnen gute Ergebnisse liefert, werden Sie auch für Ihre nächste Suche wieder nutzen. Dafür ändern und optimieren die Suchmaschinen ständig die Bewertungsgrundlagen, nach denen entschieden wird, welche Website „gut" ist und welche nicht. Und ein Trend lässt sich ganz klar aus den Anpassungen der letzten Jahre ablesen: Die Suchmaschinen werden immer besser in der Beurteilung des Inhalts einer Website. Bieten Sie nur kurze, wenig informative und vielleicht sogar abgekupferte Infos, werden Sie auf Dauer kaum in den vorderen Rängen der Suchergebnisse landen (auch wenn Sie möglicherweise kurzfristig Erfolg haben). Daher mein Tipp: Bieten Sie regelmäßig aktuelle Informationen und neue Artikel auf Ihrer Website an. Suchmaschinen honorieren das! Schreiben Sie z.B. mindestens alle zwei Wochen einen Artikel von mindestens 250 Wörtern über das Thema, mit dem Sie in das Rennen um die Plätze in den Suchergebnissen gehen.

Wichtig: Schreiben Sie Artikel stets selbst und neu. Kopieren Sie keine Inhalte. Suchmaschinen sind sehr gut darin, das zu erkennen und als „Duplicate Content" zu bestrafen.

Achten Sie beim Schreiben von Artikeln darauf, dass wichtige Keywords, zu denen Sie gefunden werden wollen, auch im Text und in Überschriften und Zwischenüberschriften auftauchen. Vergessen Sie dabei das inzwischen veraltete Konzept der „Keyword-Density"! Und überladen Sie den Text nicht mit Keywords. Schreiben Sie einfach informativ und lesbar. Weiterhin sollten Sie Bilder, die Sie in den Text einbetten, dann auch entsprechend benennen und den Dateinamen ebenfalls optimieren und ein Keyword mit hineinpacken. Für die Wein-Shop-Website heißt das, dass ein Bild einer Weinflasche nicht den Dateinamen „small_image.jpg", sondern eher „rotwein_spanien.jpg" tragen sollte.

Links, Seitenstruktur und Backlinks

Neben der Optimierung des Inhalts und der URL spielen Verlinkungen eine wichtige Rolle bei der Suchmaschinen-Optimierung. Grundsätzlich wichtig sind dabei auf einer Website eingehende Links, denn es gilt folgender einfacher Zusammenhang: Wenn viele Links aus dem Internet auf Ihre Website verweisen, dann ist Ihre Website offensichtlich beachtenswert! (Glauben die Suchmaschinen.)

Exkurs: Ankertext

Wenn Sie etwas über Links lernen wollen, dann wird Ihnen der Begriff des Ankertextes begegnen (ist Ihnen schon in diesem Buch begegnet, als Sie einen Link in einen Artikel eingefügt haben). Eine kurze Erklärung: Der Ankertext eines Links ist das Wort in einem Text, an dem dieser Link „hängt". Oft sind das sinnvolle Dinge wie „Klicken Sie hier" oder „Weiter". Das ist jedoch aus Sicht des SEO vollkommener Unsinn, denn die Suchmaschinen messen dem Ankertext (noch) sehr große Bedeutung bei, denn: Stellen Sie sich vor, dass 100 andere Websites einen Link zu Ihrer Website anlegen und in dem Textteil, der den Link trägt, befindet sich immer das Wort „Weinshop". Die Suchmaschinen nehmen dann an, dass Ihre Website offensichtlich sehr relevant für den Verkauf von Wein bzw. das Wort „Weinshop" ist. Folglich werden Sie in den Suchergebnissen einer Anfrage bei Google zu Thema Weinverkauf oder Weinkauf höher platziert werden als eine Website, die keine solchen Links hat oder eine Website, die zwar ebenfalls 100 Links hat, bei denen der Ankertext aber immer lautet „Klicken Sie hier" oder „Weiter".

Achten Sie also selbst darauf, wenn Sie Links anlegen, dass der Ankertext gut gewählt ist. Dies gilt insbesondere für die internen Links (siehe unten).

Backlinks

Diese sog. Backlinks sind das A und O der Suchmaschinen-Optimierung und Sie bekommen sie, wenn Sie tatsächlich gute Inhalte anbieten und andere Nutzer dies honorieren, indem Sie Ihre Website über eine Verlinkung weiterempfehlen. Also noch ein Grund, immer wieder guten Inhalt anzubieten. Übrigens können Sie sich Backlinks auch auf andere Weise besorgen: Bei Ebay können Sie tausende solcher Backlinks für wenige Euros kaufen. Allerdings: Dabei handelt es sich um Links, die wenig Wert haben und Ihnen daher wenig helfen. Denn ein Link kann viel oder wenig wert sein, je nachdem, von welcher Seite er kommt. Wenn z.B. Wikipedia auf Ihre Website verlinkt, dann honoriert das eine Suchmaschine ganz anders, als wenn irgend ein namenloser Blog zu Ihnen verlinkt. Klar. Dennoch können Sie auch mit „gekauften" Links mitunter gute, aber meist nur kurzfristig anhaltende Erfolge erzielen. Meine Empfehlung: Setzen Sie lieber auch hier wieder auf nachhaltige und substanzielle Suchmaschinen-Optimierung.

Interne Links

Nicht nur Links von anderen Websites zu Ihnen sind relevant für die Suchmaschinen. Auch Links innerhalb Ihrer eigenen Webpräsenz sind bedeutsam. D.h. Sie sollten von verschiedenen Seiten innerhalb Ihrer Webpräsenz Links auf die wichtigen Seiten (meistens Ihre Startseite) setzen. Für die Website mit dem Weinshop bedeutet das, dass Sie in Texten, die irgendwo auf Ihrer Webpräsenz auftauchen, das Wort „Weinshop" als Ankertext für einen Link auf Ihre Startseite nutzen sollten, um Ihre Startseite für das Keyword „Weinshop" zu optimieren.

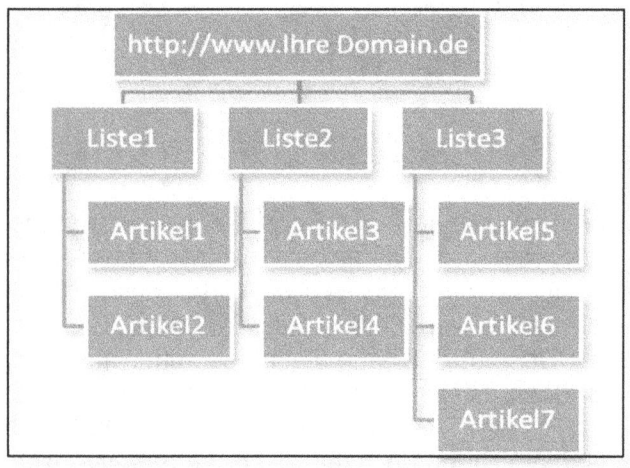

Die Seitenstruktur

Wenn Sie Ihre Webpräsenz anlegen, sollten Sie eine hierarchische Menüstruktur anlegen. Die sollte etwa so aussehen:

Abbildung 96: Die Menüstruktur Ihrer Website sollte wie ein Baum mit Kategorien und Artikel aufgebaut sein

Beispiele für die Seiten „Liste 1-3" wären Verzeichnisse/Auflistungen von Artikeln, die Sie mit einem Joomla-Menüpunkt vom Typ „Alle Artikel einer Kategorie" erstellen. Ordnen Sie also immer alle Artikel, die thematisch verwandt sind, in einer Kategorie. Das Gegenteil wäre eine Website, die auf der Startseite zig verschiedene einzelne Menüpunkte aufweist, die alle zu unterschiedlichen Artikeln verweisen. Offensichtlich „mögen" es die Suchmaschinen, wenn Ihre Website einem logischen, geordneten Aufbau folgt.

Aus meinen eigenen Erfahrungen kann ich Ihnen das nur stark ans Herz legen. Allein die Optimierung von Websites, die zunächst eher chaotisch angelegt wurden, in die o.g. Form (soweit möglich), kann das Ranking in den SERPs deutlich verbessern. Crawler bewerten die

Seiten offensichtlich deutlich besser und scheinen die Indexierung Ihrer Website auch schneller durchzuführen.

Social Media Optimization

Zu einer umfassenden Suchmaschinen-Optimierung gehört heute natürlich auch das Nutzen der Social Media, also der Sozialen Netzwerke wie Facebook etc. und anderer sozialer Dienste wie Google+1 oder Twitter. Letztendlich bedeutet „Sozialer Dienst" nichts anderes, als dort Millionen oder Milliarden von Nutzern aktiv sind und ihre Meinung kundtun. Google und Co. honorieren es, wenn Nutzer auf Facebook, Twitter, Google+1 über Ihre Website berichten, indem diese Nutzer einen Link zu Ihrer Website setzen. Das kann z.B. geschehen durch das Anklicken eines „Like"-Buttons auf Ihrer Website, durch das Twittern Ihrer Webadresse über eine Twittermeldung oder das positive Bewerten Ihrer Website durch das Anklicken eines Google+1-Buttons auf Ihrer Website. Dafür müssen Sie eines tun: Sie müssen die entsprechenden Buttons auf Ihre Website bringen. Das tun Sie am besten z.B. mit dem Mdoul mit dem „Nice Social Button", das Sie im Joomla Extensions Directory finden.

Für Fortgeschrittene: Nutzen Sie die Möglichkeit, bei Facebook ein Profil für „Dinge", also auch für Ihre Website/Ihr Unternehmen anzulegen. Das geht hier: http://www.facebook.com/pages/create.php.

Tools nutzen

Nutzen Sie im Internet erhältliche Tools, um Ihre Suchmaschinen-Optimierung zu überwachen und zu verbessern. An dieser Stelle kann ich nicht näher auf einzelne Punkte eingehen, nur so viel:

Google Analytics – zeigt die Besucherzahlen und –quellen für Ihre Website und gibt Ihnen viele Funktionen zur Analyse des Benutzerverhaltens auf Ihrer Website. Ein MUSS für SEO. Dokumentieren Sie so den Stand Ihrer SEO-Bemühungen, denn da zählen einzig und allein die Besucherzahlen!

Google Webmaster Tools – für Fortgeschrittene, um Suchmaschinen (Google) zu lenken und Ihre Website weiter zu optimieren.

SearchEngineLand – Sehr gute Website mit vielen Infos und einem hervorragenden Newsletter

SEOmoz – sehr gute Website mit einem sehr guten Tool: der moz Toolbar. Sollten Sie in Ihrem Browser installieren, um stets Analysen von Ihrer und anderen Websites einsehen zu können (installieren Sie die moz Toolbar und machen Sie sich gleichzeitig mit den dort angezeigten Werten „Domainauthority", „PageAuthority" und „MozRank" vertraut, Infos dazu finden Sie auf SEOmoz.org). Außerdem bietet SEOmoz einen exzellenten, aber kostenpflichtigen SEO-Dienst zur Analyse und Optimierung Ihrer Website. Diesen können Sie jedoch für 30 Tage kostenlos nutzen, was Sie sich nicht entgehen lassen sollten!

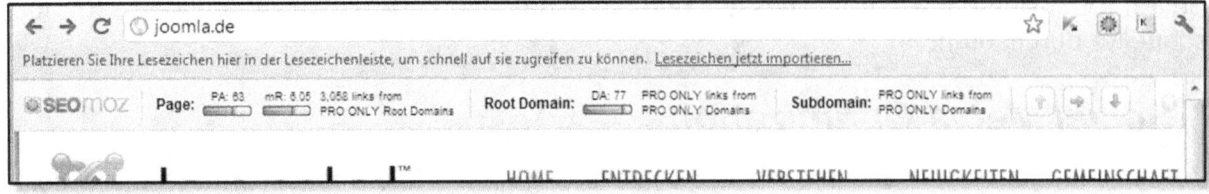

Abbildung 97: Die mozToolbar verrät Ihnen nützliche SEO-Angaben über die jeweils angezeigte Website

Und wenn Sie eine Website etwas detaillierter analysieren wollen, dann geben Sie die betreffende URL in den „Open Site Explorer" ein, den Sie unter www.opensiteexplorer.org finden:

Abbildung 98: Der Open Site Explorer von SEOmoz

Joomla-Komponente: RSSEO – wenn Sie das Geld investieren wollen, finden Sie damit eine sehr gute Komponente, die Ihnen viel Arbeit abnehmen kann.

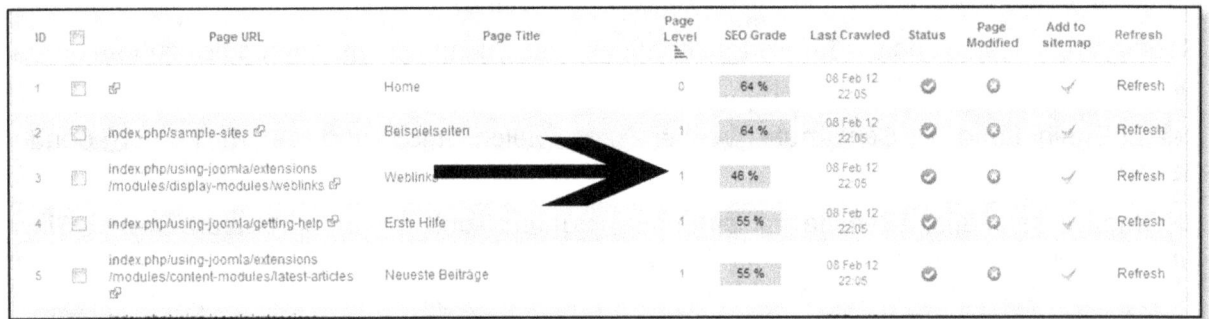

Abbildung 99: RSSEO analysiert zum Beispiel die Seiten Ihrer Webpräsenz und bewertet die Qualität Ihrer SEO-Bemühungen. Anmerkung: Der Screenshot stammt noch aus Joomla 2.5, da es RSSEO aktuell noch nicht für Joomla 3.0 gibt.

Joomla-Plug-in: EFSEO – diese kostenlose Komponente (Easy Frontend SEO) bringt Sie auch schon ziemlich weit, denn Sie können für jede Seite Ihrer Webpräsenz im Frontend die Meta-Daten festlegen. Sie finden dieses Plug-in auf www.extensions.joomla.org und installieren es in gewohnter Weise. Ich hoffe, dieses Plugin wird es bald für Joomla 3.0 geben. Sie müssen dann das Plug-in nach der Installation im Backend aufsuchen und aktivieren. Gehen Sie ins Frontend und loggen Sie sich als Super-Administrator ein. Sie dann finden folgende kleine Einblendung in der rechten oberen Ecke jeder einzelnen Seite:

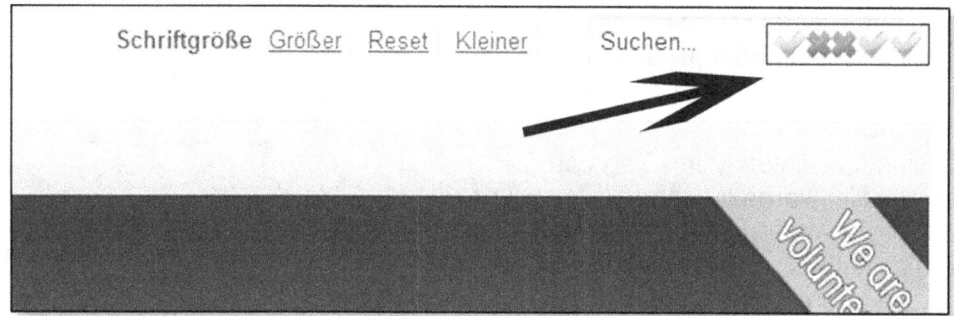

Abbildung 100: Die Schaltfläche von EFSEO

Klicken Sie darauf:

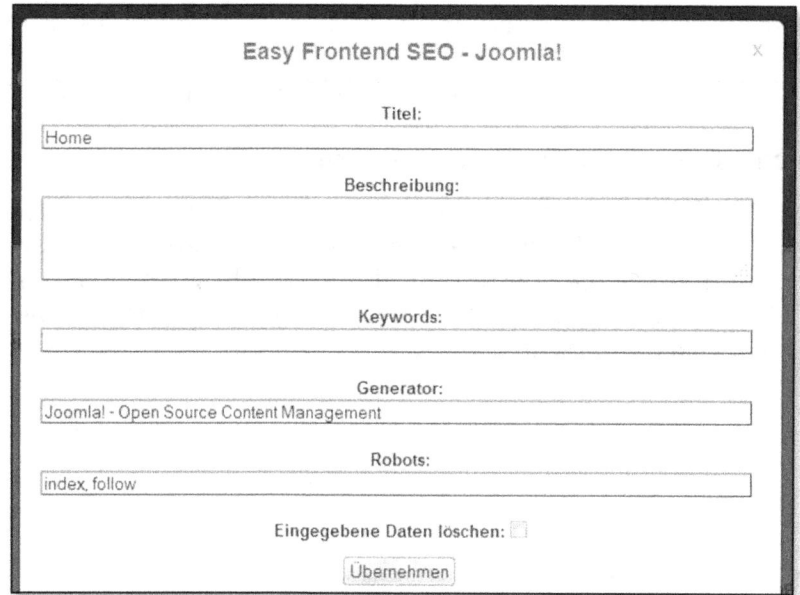

Abbildung 101: Editieren Sie im Frontend die Meta-Daten jeder einzelnen Seite

Geben Sie dort die gewünschten Meta-Daten ein und klicken Sie auf „Übernehmen", damit die Angaben übernommen werden. Damit halten Sie ein wirkungsvolles SEO-Tool in der Hand, um die wichtigsten SEO-Daten Ihrer Website zu kontrollieren. Viel Spaß beim Nutzen. Und denken Sie daran: Diese vielleicht etwas mühevolle Eingabe der Meta-Daten für jede einzelne Seite ist der verlockenden, aber leider wenig erfolgversprechenden Arbeitsweise von vielen Plug-ins mit einer Funktion zur automatischen Meta-Daten-Generierung haushoch überlegen!

SEO-Checkliste

Wenn Sie folgende Punkte beachten, dann sind Sie bezüglich der Suchmaschinen-Optimierung schon ganz gut aufgestellt:
- ✓ Führen Sie eine Keyword-Recherche durch und nutzen Sie dafür das Google Keyword Tool.
- ✓ Mieten Sie eine Domain, die Ihr wichtigstes Keyword enthält.
- ✓ Wählen Sie die Titel der Seiten so, dass Ihre Keywords am Anfang stehen, nutzen Sie dafür ein 3rd-Party-Tool.
- ✓ Geben Sie sinnvolle Description-Tags an.
- ✓ Verwenden Sie Keywords in Datei-Namen (speziell für Bilder).
- ✓ Publizieren Sie regelmäßig neue Artikel mit Ihren Keywords.
- ✓ Halten Sie die Seitenstruktur gut organisiert.
- ✓ Verwenden Sie interne Links, um wichtige Seiten zu stärken.
- ✓ Melden Sie Ihre Website bei Google Analytics an, um Besucherzahlen und weitere Kennzahlen zu überwachen. Werfen Sie dabei insbesondere einen Blick auf die Gründe, warum Besucher Ihre Website besuchen (Besucherquellen) und die Gründe, warum sie Ihre Website wieder verlassen (Absprungraten/Bounce Rate).
- ✓ Melden Sie Ihre Website auf bei Google Webmaster Tools an, um deren Funktionen nutzen zu können.
- ✓ Analysieren Sie Ihre und Konkurrenz-Seiten mit der moz Toolbar und dem Open Site Explorer.
- ✓ Bleiben Sie aktuell durch das Beziehen von SEO-Newslettern.

Diese Liste kann man noch unendlich fortsetzen, aber mit den aufgeführten Maßnahmen sind Sie auf jeden Fall für den Anfang gut bedient. Wenn Sie Interesse an weiteren Infos dazu haben, schauen Sie auf http://www.joomla-lernen.de vorbei, denn aktuell schreibe ich an einem umfangreichen Abschnitt über spezielle Suchmaschinen-Optimierung für Joomla. Dies wird entweder als Ratgeber oder als Online-Kapitel erscheinen.

17. Anhang

Im Anhang finden Sie einige Abschnitte, die entweder nicht in die bestehenden Kapitel des Buches hineinpassen oder die sich erst in weiteren Auflagen ergeben haben.

Editor-Tuning leicht gemacht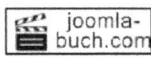

Den Editor von Joomla haben Sie schon ausführlich kennengelenrt. Ich möchte Ihnen jetzt noch zeigen, wie Sie die Anzahl der Buttons, mit denen Sie den Text/Inhalt formatieren können, erheblich erweitern können[13]. Suchen Sie dazu in der Listenansicht der installierten Plug-ins das Plug-in „Editor TinyMCE", denn so heißt der Editor. Öffnen Sie das Plug-in, indem Sie es anklicken. Öffnen Sie dann den Reiter „Basisoptionen":

Abbildung 102: Erweitern Sie die Funktionalität des Editors.

Mit den beiden Optionen „Funktionalität" und „Aussehen" können Sie das Erscheinungsbild des Editors erheblich beeinflussen, wobei die Option „Aussehen" reine Geschmackssache ist, während die „Funktionalität" tatsächlich erheblich mehr Buttons für die Erstellung und Formatierung Ihrer Inhalt freigibt, wenn Sie diesen Parameter auf „Komplett" stellen. Probieren Sie es aus!

Die Hilfe-Funktion

Neben den Tooltips, die ich Ihnen schon ein paarmal in diesem Buch ans Herz gelegt habe, finden Sie in Joomla auch eine eigene Hilfe-Funktion, die Ihnen in einigen Situation auch tatsächlich weiterhelfen kann. Leider hält die Hilfe-Funktion allerdings nicht mit der rasanten Entwicklung von Joomla Schritt, so dass Sie dort nicht alle Funktionen erklärt finden werden. Und meistens beschränkt sich die Erklärung auch nur auf das Nötigste. Werfen Sie dennoch einen Blick auf die Ressourcen, Sie finden sie im Backend-Menü unter „Hilfe >> Joomla!-Hilfe":

---

[13] Achtung: Inzwischen verfügen Sie bereits standardmäßig über alle Buttons des Editors und müssen nichts extra dazuschalten. Schauen Sie sich das Plugin trotzdem mal an, um es kennenzulernen.

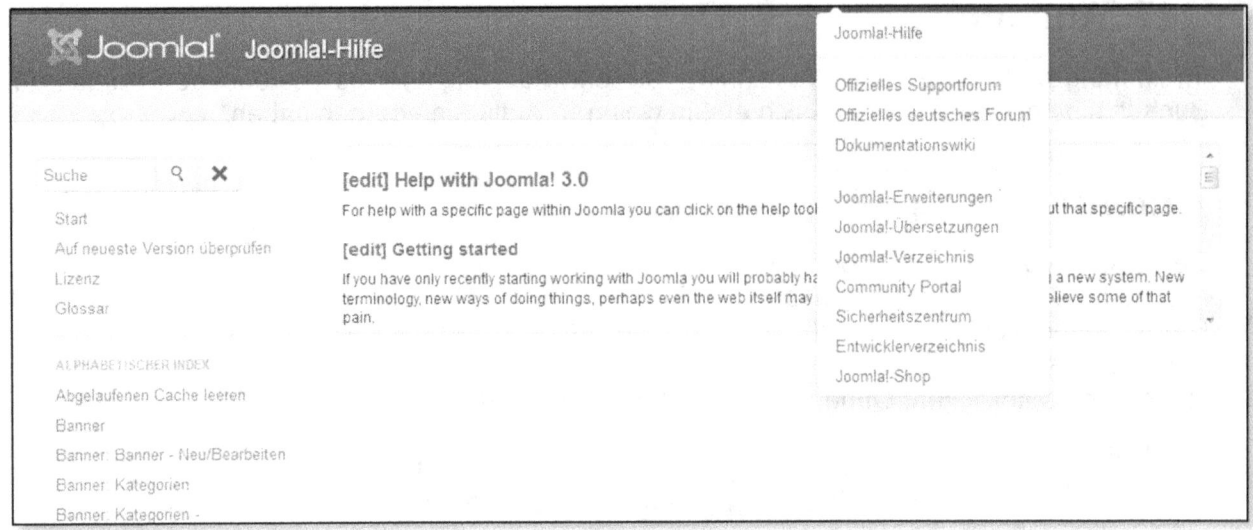

Abbildung 103: Die implementierte Hilfe-Funktion von Joomla. Leider aktuell in Englisch

Hinweise auf weitere nützliche Joomla-Produkte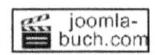

Hier finden Sie Hinweise auf Templates, Komponenten, Plug-ins und Module, die Sie vielleicht für Ihre kommenden Joomla-Websites brauchen können. Ich habe alle aufgeführten Programme bereits selbst benutzt und bin immer gut damit zurecht gekommen.

Bitte beachten Sie jedoch, dass noch nicht alle Komponenten bereits auf Joomla 2.5 umgestellt wurden. Außerdem habe ich mich bemüht, viele kostenlose Erweiterungen aufzuführen, aber in manchen Bereichen gibt es leider nur Sinnvolles, wenn man auch etwas Geld auf den Tisch legt. Entscheiden Sie also selbst, was Sie für sich nutzen möchten.

Übrigens lohnt sich auch immer ein Besuch auf www.extensions.joomla.org, denn dort finden Sie aktuell fast 10.000 Erweiterungen für Joomla!

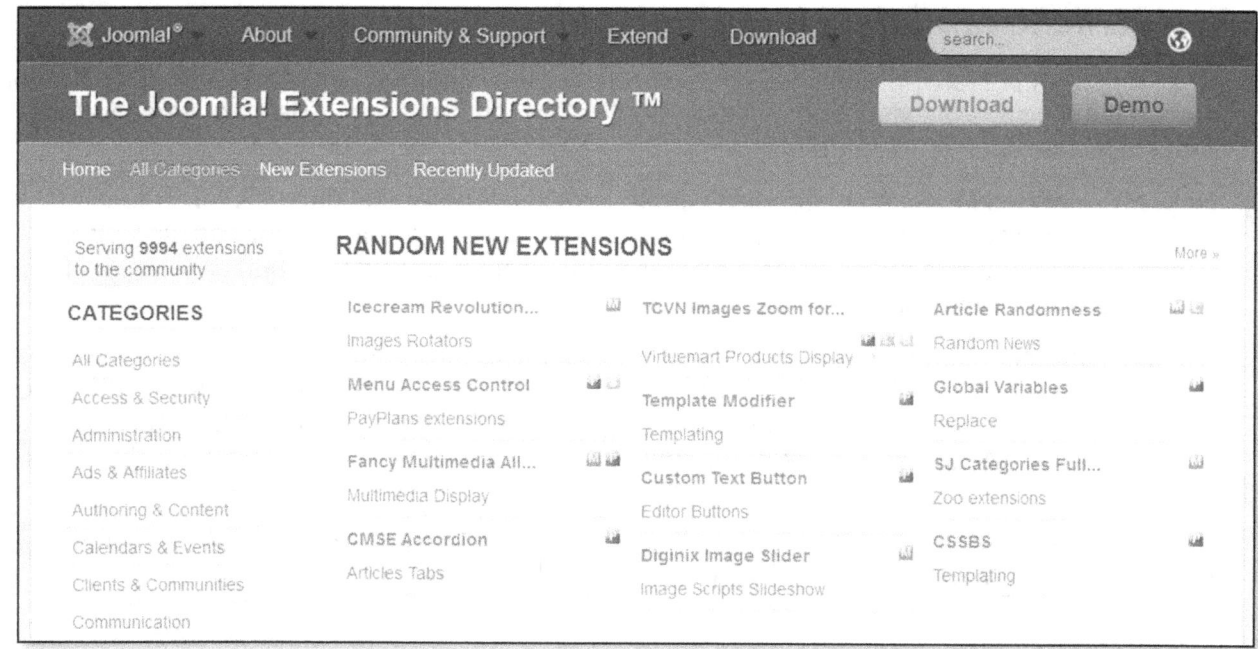

Abbildung 104: Das Joomla Extensions Directory

Nützliche Templates

Im Internet finden Sie viele Templatevorlagen für Joomla, einige kostenlose Templates haben ich für Sie unter www.joomla-lernen.de zusammengestellt. Problematisch ist dabei allerdings auch, dass es in den verfügbaren Templates viele Fehler gibt und diese dann nicht funktionieren oder die Dinge nicht so darstellen, wie Sie es gerne hätten. Letztendlich gibt es für kostenfreie Templates eine Bibliothek unter der Webadresse:

http://www.joomlaos.de.

Weitere gute Adressen sind:

Rockettheme – diese Firma bietet professionell programmierte Templates an, die in der Regel problemlos funktionieren und grafisch hervorragend sind. Ebenfalls ist der Support sehr, sehr gut. Der Nachteil: Sie müssen eine kostenpflichtige Mitgliedschaft erwerben, um diese Templates nutzen zu können. Es gibt allerdings immer wieder auch einmal ein kostenloses Template, so dass sich der Besuch auf der Website www.rockettheme.com auf jeden Fall lohnt.

Yootheme – hier gilt fast das Gleiche wie für die Firma Rockettheme, denn auch Yootheme stellt wirklich gute Templates zur Verfügung. Auch hier ist eine kostenpflichtige Mitgliedschaft notwendig, um alle Features zu nutzen. Trotzdem sollten Sie die Website der Firma einmal besuchen, denn auch da gibt es einzelne Templates kostenfrei und damit kommt man in der Regel auch schon ziemlich weit.

Nützliche Module, einige Beispiele

RokStories – mit diesem Modul lassen sich Inhalte sehr ansprechend darstellen. Das Modul zeigt eine kurze Vorschau von Artikeln und rotiert automatisch zwischen verschiedenen Artikeln. Das Modul ist kostenfrei.

RokTabs – dieses Modul dient ebenfalls dazu, verschiedene Artikel darzustellen. Jeder Artikel wird in einem „Tab", also in einer Karteikarte, dargestellt. Sie können das Modul so einstellen, dass die Ansicht zwischen den verschiedenen Tabs rotiert oder der Benutzer jeweils auf die einzelnen Reiter klickt, um deren Inhalt zu sehen.

Google Currency Converter – mit diesem einfachen Modul können Sie auf Ihrer Website einen Währungsumrechner anzeigen. In einer Modulposition können dann Besucher Ihrer Website die beiden Währungen auswählen, deren Wechselkurs sie prüfen möchten, geben dann noch eine Menge an Geld ein und das Modul rechnet von einer Währung in die andere um.

MambWeather – praktisches Modul, um das aktuelle Wetter und eine kurze Wettervorhersage für einen beliebigen Ort auf der Welt auf Ihrer Website anzuzeigen.

Nützliche Komponenten

Vorbemerkung: Bei Fertigstellung der ersten Auflage von Joomla 3.0 logisch! ist Joomla 3.0 gerade erst herausgekommen. Es gibt nur wenige Erweiterungen für Joomla 3.0, allerdings ist aus den Erfahrungen zu Joomla 1.6/1.7/2.5 zu schließen, dass die hier genannten (sehr populären) Erweiterungen sehr schnell auch an Joomla 3.0 angepasst und dann verfügbar sein werden.

Akeeba Backup – Ein absolutes MUSS für jede Joomla-Website. Mit dieser wirklich einfach zu bedienenden Komponente können Sie eine Sicherheitskopie Ihrer Website anfertigen und an einem sicheren Ort speichern. Wenn dann aus irgendwelchen Gründen Ihre Website fehlerhaft wird oder gar nicht mehr funktioniert (sei es durch einen Hacker-Angriff o.Ä.), dann können Sie Ihre Website mit einem weiteren Programm („Akeeba Kickstart") und der Sicherheitskopie wieder herstellen.

PhocaMaps – diese Komponente ermöglich es Ihnen, unter einem Menüpunkt eine geografische Karte in Ihre Website einzubinden und auf dieser Karte Marker erscheinen zu lassen. Zum Beispiel, um die Filialen eines Geschäfts zu markieren. Sie können selbst beliebig viele Marker eintragen und auch festlegen, wie diese auf der Karte erscheinen sollen. Diese Komponente ist kostenfrei.

PhocaDownload – mit dieser Komponente können Sie einen ganzen Downloadbereich in Ihrer Website erschaffen. Sie können beliebig viele Kategorien einrichten, in denen Nutzer Dokumente finden und diese auch downloaden können. In den Einstellungen dieser Komponente können Sie auch konfigurieren, welche Nutzer dazu berechtigt sind, selber Dokumente hochzuladen und damit auch anderen zur Verfügung zu stellen. Diese Komponente ist kostenfrei.

PhocaGallery – Eine schöne Komponente um eine Fotogalerie auf Ihre Website zu stellen. Sie können verschiedene Fotoalben anlegen und diesen unbegrenzt viele Fotos zuordnen. Natürlich auch kostenfrei.

JEvents – diese Komponente ermöglicht es Ihnen, einen Kalender auf Ihrer Website zu führen und dort auch Termine einzutragen und so Benutzer auf kommende Veranstaltungen etc. aufmerksam zu machen. Sie können das ganze auch so einstellen, dass Nutzer selbst Termine eingeben können. Die Komponente ist insgesamt sehr umfangreich, bietet aber dafür auch umso mehr Funktionen. Sie sollten aber eine gewisse Einarbeitungszeit rechnen. Außerdem sind nicht alle Funktionen kostenfrei.

Jomsocial – Jomsocial ist eine tolle und sehr umfangreiche Komponente, die allerdings auch etwas kostet. Letztendlich ist JomSocial eine Art „Facebook für Joomla". Innerhalb kurzer Zeit können Sie damit eine eigene Community aufbauen und den Nutzern viele tolle Features zur Verfügung stellen. Mit JomSocial sind Ihren Ideen (fast) keine Grenzen gesetzt.

JComments – diese Komponente können Sie nutzen, um Besuchern Ihrer Website die Möglichkeit zu geben, Artikel zu kommentieren. So erscheint dann unter bestimmten oder allen Artikeln (ganz nach Ihren Wünschen/Einstellungen) ein Textfeld für Kommentare, das von den Besuchern gefüllt werden kann. Die Komponente ist kostenlos und sehr einfach zu nutzen.

AcyMailing Starter – mit dieser Komponente können Sie auf Ihrer Website einen professionellen Newsletter erstellen. Besucher können sich für einen oder mehrere Newsletter anmelden (dafür gibt es ein spezielles Modul) und Sie können dann im Backend Newsletter schreiben und an alle Nutzer versenden, die sich in eine bestimmte Liste eingetragen haben. Die Starter-Version der Komponente ist kostenfrei und hat alle wichtigen Funktionen für den normalen Anwender.

Kunena – wenn Sie ein Forum auf Ihrer Website einrichten wollen, in dem Besucher ihre Meinung austauschen oder Sie etwas fragen können, dann sind Sie mit Kunena sicherlich gut bedient. Die Komponente braucht auch etwas Einarbeitungszeit, funktioniert aber in der Regel gut. Kostenlos.

VirtueMart – mit dieser Komponente können Sie einen schlagkräftigen Online-Shop erstellen und dabei ist diese Komponente auch noch kostenlos! Die Komponente hat eine ganze Fülle von Features und ist dadurch natürlich sehr komplex. Andererseits verschafft sie Ihnen ungeahnte neue Möglichkeiten, für die Sie bei einem professionellen Programmierer einen Haufen Geld bezahlen müssten.

Rechtliche Bestimmungen

Wenn Sie eine Website erstellen, gehen Sie gewisse Verpflichtungen ein, auch rechtliche Dinge zu beachten. So müssen Sie bei jeder Website ein „Impressum" führen. In diesem Impressum müssen gewisse Angaben über die für diese Website verantwortliche Person aufgeführt sein. Hintergrund der Impressumspflicht ist die Tatsache, dass ein Ansprechpartner benötigt wird, wenn Ihre Website gegen irgendwelche Gesetze verstößt.

Aber keine Angst: Wenn Sie nur hobbymäßig eine kleine Website erstellen, müssen Sie keine Angst haben. Aber dafür geht es umso schneller, wenn Sie zum Beispiel einen kleinen Internet-Shop betreiben. Denn dann haben Sie sofort Geschäftskonkurrenten und die warten nur darauf, dass Sie irgendwelche Vorschriften verletzen. Schnell flattert Ihnen dann eine Abmahnung vom Anwalt ins Haus und die kann teuer werden. Daher: Auf jeden Fall ein Impressum anlegen, denn auch das Weglassen eines Impressums kann bereits zu einer Abmahnung führen! Außerdem sollten Sie eine Datenschutzerklärung auf Ihrer Website veröffentlichen. Und sollte Ihre Website dann größer werden, brauchen Sie auch Nutzungsbedingungen!

Am besten suchen Sie sich ein sog. Muster-Impressum im Internet, denn Sie müssen natürlich das Rad nicht neu erfinden! Zahlreiche Rechtsanwälte stellen im Internet ein Muster-Impressum aus, das Sie unter Angabe der Quelle auch benutzen dürfen. D.h. schnell einen Artikel anlegen, der ein Impressum enthält und den mit einem entsprechenden Menüpunkt verbinden!

Auch für die Datenschutzerklärung gibt es praktische Vorlagen im Internet, beispielsweise hier: http://www.datenschutzerklaerung-online.de. Die Datenschutzerklärung sollten Sie sicherheitshalber auch auf Ihre Website stellen. Dort geben Sie Auskunft über Daten, die gespeichert werden, wenn ein Nutzer Ihre Website betritt. Meistens werden bestimmte Daten jedes Besuchers Ihrer Website gespeichert, insbesondere wenn Sie zum Beispiel einen Besucherzähler installiert haben oder Google Analytics nutzen. Daher sollten Sie auch eine Datenschutzerklärung haben. Erstellen Sie also zwei Textbeiträge (Impressum und Datenschutzerklärung). Dann erstellen Sie ein neues Menü mit zwei Menüpunkten, die jeweils auf diese Artikel verweisen. Dieses Menü stellen Sie dann als Menü-Modul irgendwo unten auf Ihre Website und nennen es „info-Menü" oder einfach nur „Info". So hat jeder Besucher Ihrer Website die Möglichkeit, diese Informationen einzusehen.

Copyright beachten

Nicht erst seit der Affäre um einen unserer Minister im Jahr 2011 wissen wir, dass man nicht einfach Texte oder anderes Material von anderen Leuten kopieren und in eigenen Websites oder Büchern oder sonst wo publizieren darf. Wenn Sie also irgendetwas auf Ihre Website stellen, was eigentlich die Idee eines anderen war oder von jemand Anderem produziert wurde, dann müssen Sie streng darauf achten, dass Sie keine Rechte verletzen. Sicherheitshalber sollten Sie immer die Quelle mit angeben, woher Sie die Inhalte haben.

18. Abschluss: Joomla-Website-Rezept

Wenn Sie nun alles gelesen haben und sich trotzdem fragen: Wie fange ich jetzt meine eigene Joomla-Website an, dann folgen Sie diesem Rezept. Übrigens finden Sie eine noch etwas ausführlichere Version auf www.Joomla-Lernen.de und dort finden Sie auch einige Tutorials zu den einzelnen Schritten. Natürlich finden Sie die meisten Erweiterungen von Joomla, die ich Ihnen empfehle, erst einige Zeit nach der Erscheinung von Joomla 3.0 tatsächlich auch für diese Joomla-Version nutzbar, denn die Entwickler müssen den Programmcode anpassen. Üblicherweise dauert es jedoch nur 4-8 Wochen, bis die wichtigen Erweiterungen tatsächlich auch für die neuste Joomla-Version verfügbar sind.

- ✓ Suchmaschinen-Optimierung: Bevor Sie irgendetwas an Ihrer neuen Website tun, sollten Sie eine Keyword-Recherche durchführen, um die für Sie am besten passende Domain zu finden.
- ✓ Nachdem Sie relevante Keywords identifiziert haben, wenden Sie sich an einen Webhoster und mieten Webspace an. Dazu gehört auch das Anmieten einer Domain. Mieten Sie diese entsprechend Ihrer Keywords und wählen sie so aus, dass Ihr wichtigstes Keyword im Domain-Namen auftaucht.
- ✓ Laden Sie die Joomla-Dateien in den Ordner Ihres Webspace, der Ihrer Domain zugewiesen ist.
- ✓ Legen Sie eine MySQL-Datenbank im Account Ihres Webspace an.
- ✓ Installieren Sie Joomla, bzw. stellen Sie die Installation fertig, indem Sie Ihre zukünftige Website in einem Browser unter http://www.IhreDomain.de aufrufen.
- ✓ Installieren Sie dabei KEINE Beispieldaten, damit Ihre neue Website leer bleibt. Sie füllen sie dann.

Sie haben nun das Grundgerüst Ihrer neuen Joomla-Website installiert. Diese zeigt nun mit einem voreingestellten Template ein einzelnes Menü und das Login-Modul.

- ✓ Suchen Sie sich ein kostenfreies, gut aussehendes Template für Ihre Website. Installieren Sie das und wählen es in der Template-Übersicht als „Standard" aus. Suchen Sie auf www.joomla-lernen.de.
- ✓ Schreiben Sie einen (Begrüßungs-)Text für die Startseite, indem Sie einen neuen Artikel anlegen und diesen mit der Option „Hauptbeitrag"" = „Ja" auf der Startseite zeigen.
- ✓ Überlegen Sie sich, wie Sie Ihre zukünftigen Artikel in Kategorien ordnen wollen. Legen Sie dazu zumindest ein oder zwei Kategorien an.
- ✓ Sehen Sie sich die Ordner im Verzeichnis „/images" an und legen Sie auch dort ggf. weitere Ordner an, um späteres Bildmaterial bereits frühzeitig übersichtlich ordnen zu können.
- ✓ Legen Sie ein neues Menü an und platzieren Sie dies mittels eines Menü-Moduls irgendwo unten auf Ihrer Website
- ✓ Erstellen Sie ein Impressum und eine Haftungsbeschränkung (Artikel) und erstellen Sie im gerade erstellten Menü zwei entsprechende Menüpunkte „Einzelner Beitrag", um beide Artikel anzubieten.

- ✓ Modifizieren Sie die Optionen für die Registrierung neuer Nutzer entsprechend Ihren Anforderungen. Wenn Sie keine registrierten Mitglieder wollen, löschen Sie das Modul „Anmelden" aus dem Frontend.
- ✓ Setzen Sie die Optionen der Suchmaschinen-freundlichen URL um wie empfohlen.

Sie haben jetzt eine Basisversion für eine Website erstellt und müssen nun entscheiden, welche weiteren Bereiche Sie brauchen:

- ✓ Erstellen Sie nun weitere Textbeiträge zu Informationen, die Sie auf der Webpräsenz anbieten wollen. Erzeugen Sie neue Seiten, indem Sie neue Menüpunkte anlegen, die entweder die einzelnen Artikel, eine Kategorien-Liste oder einen Kategorie-Blog anzeigen.
- ✓ Installieren Sie ggf. die Komponente AcyMailing Starter, um einen Newsletter anzubieten. Damit Nutzer sich dafür anmelden können, veröffentlichen Sie ein Modul „Acymailing Module" auf Ihrer Website. Konfigurieren Sie die Komponente entsprechend.
- ✓ Installieren Sie ggf. die Komponente JEvents, um einen Terminkalender anzubieten.
- ✓ Installieren Sie ggf., die Komponente PhocaGallery, um eine Bildergalerie anzeigen zu können.
- ✓ Installieren Sie ggf. die Komponente PhocaGuestbook, um ein Gästebuch anzubieten
- ✓ Installieren Sie entweder EFSEO oder RSSEO, um die Suchmaschinen-Optimierung von Anfang an fest im Blick zu haben. Achten Sie in diesem Zusammenhang darauf, dass die Titel aller Ihrer Seiten optimiert sind.
- ✓ Melden Sie die Website bei Google Analytics und den Google Webmaster Tools an
- ✓ Sammeln Sie Links. Zeigen Sie diese im Frontend durch Anlegen von entsprechenden neuen Seiten.
- ✓ Eröffnen Sie einen Blog auf Ihrer Website mit einem Menüpunkt "Kategorie-Blog" und schreiben Sie dort mindestens einmal alle zwei Wochen einen interessanten Beitrag über das Thema Ihrer Website.
- ✓ Legen Sie ein Kontaktformular an, damit Nutzer Ihnen eine Nachricht schicken können. Tun Sie das ggf. mit der Joomla-Funktion zur Anzeige eines einzelnen Kontaktes (durch Anlage eines Menüpunktes „Einzelner Kontakt").
- ✓ Durchforsten Sie www.extensions.joomla.org nach weiteren nützlichen Komponenten, Modulen und Plug-ins für Ihre Website.
FERTIG!